Sicherer Umgang mit Regalen

Regeln und Arbeitshilfen für Gabelstaplerfahrer und Lageristen

von

Ralf Schnirch

Melina Schnirch

mit 92 Bildern, Tabellen und Zeichnungen

Liebe Leserinnen, liebe Leser,

in einem Lager sind Regale und Flurförderzeuge unerlässliche Helfer, um Güter zu lagern und zu transportieren. Allerdings können dort auch vielfältige Schäden verursacht werden und große Gefahrenquellen für das Personal und Außenstehende entstehen.

Unfälle in einem Lager können verschiedene Ursachen haben. In der Regel sind sie auf die Arbeit der Mitarbeiter zurückzuführen, weil diese die Regale falsch be- und entladen oder aber das Regal mit dem Flurförderzeug beschädigen – ein Regal kann dadurch sofort oder zu einem späteren Zeitpunkt einstürzen.

Häufig führen auch Routinearbeiten zu unkonzentriertem und nachlässigem Arbeiten. Unregelmäßige Prüfungen der Lagereinrichtungen und der Flurförderzeuge oder die Bereitstellung ungeeigneter Arbeitsmittel sind weitere Faktoren, die Unfälle begünstigen.

Diese Broschüre gibt Hinweise auf Verhaltensweisen und Vorschriften, wie Sie sicher mit Flurförderzeugen und Regalen umgehen und wie Sie Gefahren rechtzeitig erkennen und damit Unfälle vermeiden können.

Impressum:
1. Auflage 2022

Maria-Eich-Straße 77, D-82166 Gräfelfing
Umschlag: Jungheinrich AG, D-22047 Hamburg
Bildnachweis: siehe Seite 59
Druck und Bindung: Max Siemen KG, 22143 Hamburg

Printed in Germany
ISBN 978-3-96158-008-8

In der Summe erhalten Sie einen umfassenden und genauen Einblick, wie im „Konstrukt Lagerwesen" die einzelnen Komponenten Stapler, Regale und Arbeitsumfeld zusammenwirken und welche erhebliche Rolle Sie selbst für die Gefahrenerkennung und Unfallverhütung spielen.

Die Broschüre gibt den Stand der Technik und Vorschriften zum Zeitpunkt des Erscheinens wieder. Weitere Veränderungen des Vorschriftenwesens sind immer möglich. Wir empfehlen Ihnen, sich regelmäßig über Neuerungen auf dem Laufenden zu halten.

Denken Sie daran:
Nur wer die Gefahren kennt, kann diese auch abfangen.
(Ralf Schnirch, Melina Schnirch)

Aus Gründen der besseren Lesbarkeit wird in der Broschüre die männliche Sprachform (z. B. Bediener, Mitarbeiter) verwendet. Alle personengebundenen Bezeichnungen gelten gleichwohl für jedes Geschlecht.

Unser besonderer Dank gilt dem Resch-Verlag für die vertrauensvolle Zusammenarbeit sowie den im Bildnachweis genannten Unternehmen für die Unterstützung mit Bildmaterial.

Wir wünschen Ihnen eine informative Lektüre.

Ralf Schnirch, Melina Schnirch

Inhaltsverzeichnis

Unfallgeschehen

Unfallursachen

Es ist eine Vielzahl von Unfällen mit Gabelstaplern und Regalen zu verzeichnen, die durch technische und organisatorische Lücken, aber besonders durch menschliches Fehlverhalten verursacht werden.

Unfälle mit Flurförderzeugen

Beim Einsatz von Flurförderzeugen ereignen sich viele Anfahr- und Kippunfälle sowie Quetschungen. Auch das Auf- und Absteigen wird unterschätzt: Häufig springen Gabelstaplerfahrer von ihrem Sitz ab, ohne die Abstiegsstufe zu benutzen – was gebrochene Fußgelenke zur Folge haben kann.

Unfallursachen am Regal

Die meisten Regalunfälle ereignen sich durch den Einsturz eines Regalfeldes. Wie beim Umkippen von Dominosteinen kann dann die gesamte Anlage mitgerissen werden.

Durch Gabelstapler entstehen die meisten Schäden.

Wenn nicht sorgfältig gefahren und rangiert wird, kann das Heck z. B. einen Ständer oder eine Traverse eindrücken. Im schlimmsten Fall führt dies sofort zu einem Einsturz des Regals.

Meist werden Traversen oder Regalständer „nur" beschädigt. Doch dann reicht manchmal ein kleinerer Stoß oder ein späterer Beladungsvorgang aus, um einen schweren Unfall zu verursachen.

Meldepflichtige Unfälle mit Flurförderzeugen	2018	2019	2020	Prozentualer Unterschied 2018-2020
Stapler **gesamt** (tödlich)	12.625 (5)	14.788 (10)	13.689 (10)	+8,43 %
..mit Fahrerplatz (tödlich)	3.905 (4)	6.196 (6)	6.379 (4)	+63,35 %
..ohne Fahrerplatz (tödlich)	2.374 (0)	3.063 (0)	2.504 (1)	+5,48 %
..ohne nähere Angabe zum Fahrerplatz (tödlich)	6.346 (1)	5.529 (4)	4.807 (5)	-24,25 %
Sonstige Flurfördermittel (tödlich)	4.487 (2)	4.391 (2)	3.387 (0)	-24,52 %
Handhubwagen (tödlich)	7.172 (0)	3.971 (0)	2.859 (0)	-60,14 %

Vgl. DGUV-Statistik Arbeitsunfallgeschehen 2018/2019/2020

Meldepflichtige Unfälle mit Regalanlagen	2018	2019	2020	Prozentualer Unterschied 2018-2020
Lagerzubehör, Regalsysteme, Palettenregeale, Paletten **gesamt** (tödlich)	16.243 (5)	16.333 (2)	14.144 (2)	-12,92 %
Paletten (tödlich)	12.558 (3)	12.706 (2)	11.074 (0)	-11,82 %
Regalsysteme, Palettieranlage (tödlich)	2.923 (2)	2.976 (0)	2.575 (2)	-11,91 %
Sonstige Lagervorrichtungen & Lagerzubehör (tödlich)	762 (0)	652 (0)	495 (0)	-35,04 %

Vgl. DGUV-Statistik Arbeitsunfallgeschehen 2018/2019/2020

Weitere Ursachen:

- Die Last überschreitet die Tragfähigkeit.
- Die Last wird nicht sachgemäß eingelagert.
- Falscher Aufbau oder Umbau kann dazu führen, dass die Lastangaben auf dem Typenschild nicht mehr stimmen.
- Falsch durchgeführte Instandhaltungsarbeiten. Nur dafür ausgebildete Personen dürfen für diese Arbeiten eingesetzt werden. Wenn nicht sachgemäß vorgegangen wird, ist nicht nur der Instandhalter, sondern auch sein Arbeitsumfeld gefährdet.

Unfallursachen Ladehilfsmittel und Ladeeinheiten

Schadhafte Ladehilfsmittel (Paletten, Gitterboxen u. dgl.) können die Ware in Mitleidenschaft ziehen und auch Sie können sich daran verletzen.

Eine Palette gilt als beschädigt, wenn

1. die Spalten mehr als die Hälfte breiter als die Bretter sind,
2. Bretter durchgebrochen sind,
3. Bretter fehlen,
4. mehr als ein Drittel der Breite eines Brettes fehlt,
5. ein Klotz fehlt,
6. ein Klotz um mehr als 30 ° gedreht ist,
7. mehr als ein Viertel der Breite eines Brettes zwischen zwei Klötzen fehlt bzw. wenn Nägel sichtbar sind
8. oder Holz eines Klotzes von mehr als der halben Breite oder Höhe des Klotzes fehlt bzw. dieses Holz Spalten aufweist.

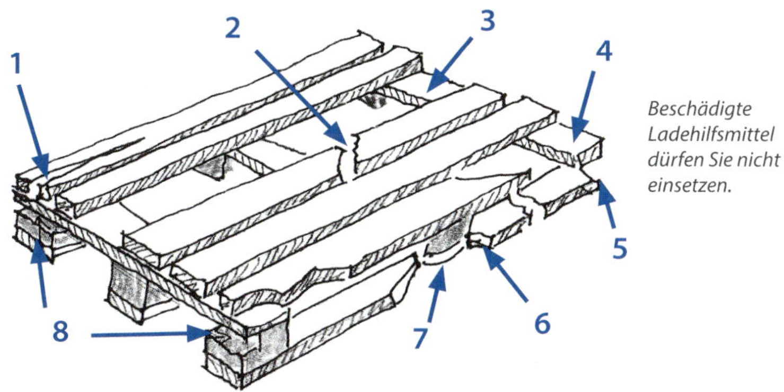

Beschädigte Ladehilfsmittel dürfen Sie nicht einsetzen.

Bedenken Sie auch Folgendes: Durchgefaulte oder anderweitig fehlerhafte Paletten können ebenso wie ein beschädigtes Regal schlagartig zusammenbrechen und die Ware kann vom Regal stürzen. Das kann Sie, Kollegen oder ggf. Kunden treffen.

Verantwortung und Haftung

Verantwortung im Überblick

Rechtspflichten
Verantwortlich für den Arbeitsschutz im Betrieb ist grundsätzlich der **Unternehmer**. Er trägt die **Gesamtverantwortung.** Das bedeutet, dass er für die Veranlassung und Durchführung der vorgeschriebenen Schutzmaßnahmen im Betrieb haftet. Er kann Teilbereiche durch Pflichtenübertragung auf andere Verantwortliche / Führungskräfte übertragen, diese sind dann für die entsprechenden Teilbereiche zuständig und müssen sie in „eigener Verantwortung" wahrnehmen, haften dann also für eigene Vernachlässigungen wie der Unternehmer.

Mitarbeiter haben im Rahmen ihrer Tätigkeit die Anforderungen des Arbeits- und Gesundheitsschutzes zu erfüllen, die sich aus staatlichen und

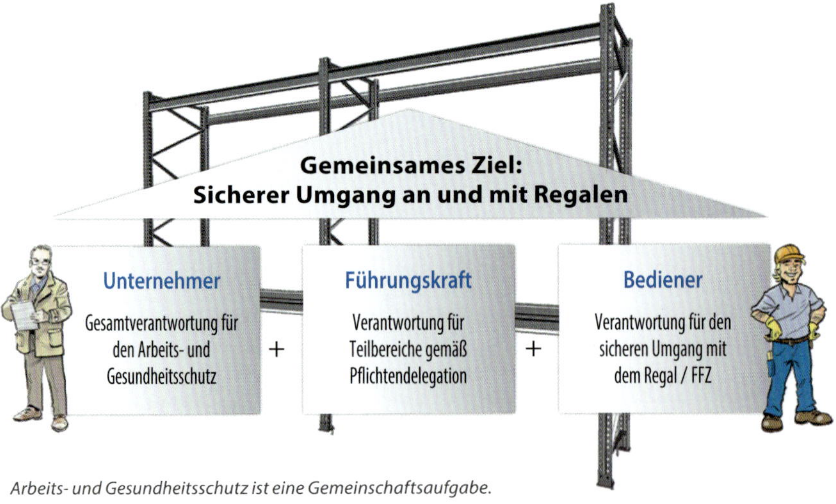

Arbeits- und Gesundheitsschutz ist eine Gemeinschaftsaufgabe.

berufsgenossenschaftlichen Vorschriften ergeben. **Lageristen und Flurförderzeugführer** besitzen also Mitwirkungs-, Unterstützungs- und Verhaltenspflichten. Sie sind für die ordnungsgemäße Benutzung der Flurförderzeuge und der Regale verantwortlich.

Setzt ein Lagerist **Helfer** ein oder hat er es mit **Auszubildenden** zu tun, die ihm anvertraut wurden, hat er eine Aufsichtspflicht. Dies bedeutet ständige Wachsamkeit des Verantwortlichen über die Mitarbeiter und deren Arbeit. Hier darf keine Nachlässigkeit entstehen. Je gefährlicher eine Tätigkeit ist, desto größer ist die Aufsichtspflicht.

Die Ausübung der Aufsichtspflicht sollte im eigenen Interesse und im Interesse des Unternehmers dokumentiert, d. h. schriftlich festgehalten werden.

Rechtsfolgen

Jeder, der im Lager arbeitet, ist zu ständiger Wachsamkeit angehalten. Das darf in keinem Fall durch Routine oder Eile beeinträchtigt werden.

Für alle Beteiligten gilt: Werden Arbeitsschutzbedingungen nicht eingehalten, so ergeben sich Rechtsfolgen, welche in Form von Bußgeldern oder Strafen wirksam werden können.

Haftung

Wer Verantwortung trägt, muss auch für sein Handeln geradestehen.

Eine betriebliche Haftung und damit die Schuld an einem Unfall wird vom Gericht immer dann bejaht, wenn bestimmte Voraussetzungen erfüllt sind.

Beispiel:

Sie fahren mit Ihrem Flurförderzeug ein Regal an und beschädigen es. Sie melden die Beschädigung nicht und sperren das Regal auch nicht ab. In der Folge stürzt es ein und verletzt einen Kollegen schwer.

Beim **Tatbestand** handelt es sich in diesem Fall um ein Handeln und um ein Unterlassen mit einem negativen Ergebnis als ursächliche (= kausale) Folge.

Im Einzelnen:

- Das **Handeln** bestand im Anfahren des Regals.
- Das **Unterlassen** im Nichtmelden und Nichtsperren des Regals.
- Der **(negative) Erfolg** waren ein Unfall und ein Schaden (Kollege, Regal, Ware).

Handeln und Unterlassen waren ursächlich für den (negativen) Erfolg = **Kausalität.**

Sorgfaltspflichtverletzung: Sie haben Ihr Flurförderzeug nicht ordnungsgemäß gesteuert, den Schaden nicht gemeldet. Damit haben Sie gegen Vorschriften verstoßen.

Rechtswidrigkeit: Sie haben sich rechtswidrig verhalten. Dafür gibt es in den wenigsten Fällen einen Rechtfertigungsgrund. (Ein Rechtfertigungsgrund wäre bspw. Notwehr, welche in diesem Fall nicht vorliegt.)

Da Ihnen in diesem Beispiel das Ereignis persönlich vorwerfbar ist, haben Sie **Schuld** – Sie haben den Unfall **verschuldet.**

Verschulden

Verschulden bedeutet, dass man Ihnen eine Tat vorwerfen kann und Sie dafür einstehen müssen.

Die Verschuldensformen Fahrlässigkeit und Vorsatz sind für die betriebliche Haftung entscheidend.

Fahrlässigkeit

Fahrlässig handelt jemand, der notwendige Handlungen unterlässt oder Handlungen ohne Sorgfalt durchführt. Im Bürgerlichen Gesetzbuch ist die Fahrlässigkeit in § 276 Absatz 2 geregelt: *„Fahrlässig handelt, wer die im Verkehr erforderliche Sorgfalt außer Acht lässt."*

Einfache Fahrlässigkeit „ist schnell geschehen"; der Schaden hätte leicht / einfach durch anderes Handeln vermieden werden können.

Die grobe Fahrlässigkeit ist schwerwiegender. Der Verantwortliche hat naheliegende Überlegungen nicht angestellt, obwohl die Gefahr offensichtlich erkennbar war.

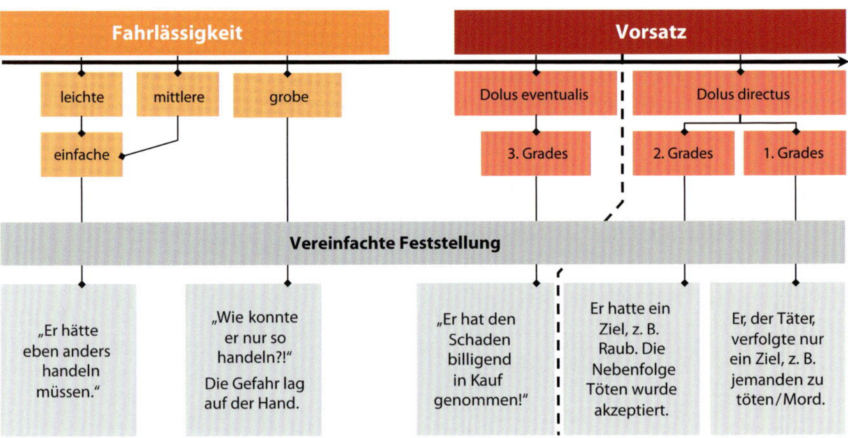

Zusammenfassend:

- Der Schaden war vorhersehbar.
- Der Schaden war klar vermeidbar.
- Die Vermeidung des Schadens war für die verantwortliche Person zumutbar.

Vorsatz
Jemand, der die Kenntnis und den Willen besitzt, einen bestimmten Schaden zu verursachen, also einen Schaden „billigend in Kauf nimmt", handelt vorsätzlich. Person X kennt die Gefahr, handelt oder unterlässt eine Handlung trotzdem. Es ist ihm / ihr egal.

Grad des Vorsatzes
Vorsatz 3. Grades (dolus eventualis) bedeutet, dass die Person den Schaden billigend in Kauf genommen hat. Grad zwei und eins (dolus directus genannt) besagen, dass jemand bewusst und gewollt einen Schaden in Kauf nimmt (im betrieblichen Bereich kommen die Stufen zwei und eins wenig vor).

Zusätzlich werden in das Strafausmaß diverse Faktoren einbezogen, die die Stärke des Verschuldensgrades bestimmen. Hierzu gehören die berufliche Stellung des Verantwortlichen, die Schwere der Verletzung und wie derjenige geschult oder angewiesen wurde.

Rechtsfolgen nach Verstößen

Rechtsfolgen sind die „offiziellen" Konsequenzen aus fehlerhaftem und schuldhaftem Verhalten (Handeln durch Tun oder Unterlassen), und sie können vielseitig sein.

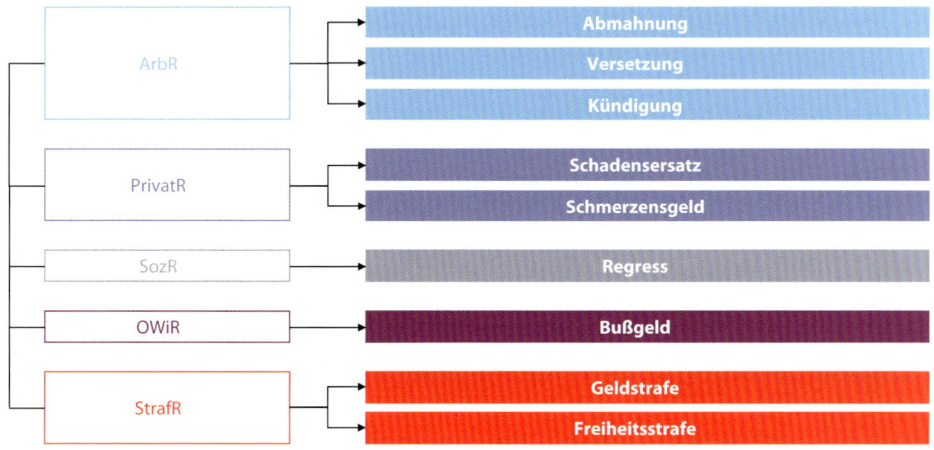

Arbeitsrecht
Dem Unfallverursacher können arbeitsrechtliche Konsequenzen drohen, wie eine Abmahnung oder eine Versetzung. Gibt es mehrfache Verstöße, so kann es zu einer Kündigung kommen.

Privatrecht
Rechtsfolgen sind Schadensersatz- und Schmerzensgeldzahlungen.

Sozialrecht
Die Berufsgenossenschaft oder auch die Krankenkasse können Regress nehmen.

Ordnungswidrigkeitenrecht
Bei einer Ordnungswidrigkeit wird ein Bußgeld erhoben.

Strafrecht
Das Strafrecht beinhaltet die gravierendsten Rechtsfolgen. So wird bspw. der fahrlässig herbeigeführte Tod eines Menschen mit einer Freiheitsstrafe von bis zu fünf Jahren oder mit einer Geldstrafe geahndet. Wird durch Fahrlässigkeit eine Körperverletzung verursacht, wird dies mit einer Freiheitsstrafe von bis zu drei Jahren oder mit einer Geldstrafe geahndet.

Rechtliche Grundlagen und Regelwerke

Regelwerke für Regale

Wer muss was beachten?

Der **Hersteller** muss beim Bau seiner Regale die Bau- und Ausrüstungsbestimmungen beachten. Auf Grund dieser Vorschriften kennzeichnet er auch, mit welcher Last das Regal beladen werden kann. Die Regale müssen auch den DIN-Vorschriften (u. a. DIN EN 15635 – Ortsfeste Regalsysteme aus Stahl. Anwendung und Wartung von Lagereinrichtungen) entsprechen. Der Hersteller muss eine Betriebsanleitung erstellen und mitliefern, die auch Hinweise für die richtige Aufstellung und den Betrieb beinhaltet.

Für den **Lageristen** gelten die Vorschriften und Regeln, wie sie bspw. in der DGUV-Regel für Sicherheit und Gesundheit bei der Arbeit 108-007 „Lagereinrichtungen und -geräte“ festgehalten sind. Diese müssen Sie kennen.

Die **Betriebsanleitung** des Herstellers ist für Sie ebenfalls von größter Wichtigkeit. Sie gibt an, wie ein Gerät / Regal bestimmungsgemäß zu benutzen ist, und auch, wie Sie es nicht benutzen dürfen. Zudem enthält sie weitere Anleitungen, die sie ebenso aufmerksam lesen sollten. Wenn Sie das Regal nicht gemäß der Betriebsanleitung nutzen, dann haftet nicht der Hersteller für Schäden, sondern Sie.

Die **Betriebsanweisungen** des Unternehmers bestimmen, wie der sichere Betriebsablauf zu gewährleisten ist. Sie haben sich danach zu richten.

> Berücksichtigen Sie die Vorschriften, Betriebsanleitung und -anweisungen: sie dienen Ihrer Sicherheit. Machen Sie sich immer wieder mit den Ausführungen vertraut.

Der **Regalprüfer** (befähigte Person) arbeitet nach DGUV Regeln (DGUV R 108-007) und DGUV Informationen (DGUV I 208-043) sowie DIN EN-Normen (DIN EN 15635).

Betriebsanleitung

Sie beschreibt, wie das Regal eingesetzt werden darf.

Der Hersteller von Regalen stellt eine Betriebsanleitung zur Verfügung. Diese beinhaltet in der Hauptsache:

- ➜ Aufbauanleitung
- ➜ Bedienanleitung (welche Waren, welche Belastung)
- ➜ Wartungsanleitung
- ➜ Umbau und Veränderung am Regal
- ➜ Sicherheitstechnische Maßnahmen

Regale sollten nur vom Hersteller oder von Personen mit ausreichenden fachlichen Kenntnissen aufgebaut werden. Dies ist insbesondere wichtig , da ein Regal nach seinem Aufbau die erste jährliche Überprüfung erhält.

Wenn das Regal später verändert werden soll, müssen die Angaben in der Betriebsanleitung dazu beachtet werden. Bei größeren Regalanlagen ist es auch hier sinnvoll, Änderungen vom Hersteller oder von ausgebildeten Personen vornehmen zu lassen.

Für den laufenden Betrieb eines Regals ist es bedeutsam, zu wissen

- ➜ welche Waren
- ➜ mit welcher Last
- ➜ wie geladen werden sollen.

Regale müssen zudem regelmäßig geprüft werden. Hierzu finden Sie mehr auf Seite 21 ff.

Betriebsanweisungen

So regelt der Unternehmer den sicheren Betriebsablauf.

Betriebsanweisungen sind betriebsspezifische und bereichsbezogene Regelungen, die der Unternehmer nach von ihm durchgeführten Gefährdungsanalysen für einen sicheren Betriebsablauf erlässt.

Betriebsanweisungen geben somit auch Auskunft über das sicherheitsgerechte Arbeiten und Verhalten speziell an Ihrem Arbeitsplatz, da auf die örtlichen Gefahren und den korrekten Umgang damit hingewiesen wird.

Betriebsanweisungen sind schriftlich zu erstellen und gut sichtbar in der Arbeitsstätte anzubringen. Sie sollten sie auch immer wieder lesen und bei Ihrer täglichen Arbeit berücksichtigen.

Betriebsanweisung

Steuern von Flurförderzeugen

gemäß ArbSchG, BetrSichV, DGUV Vorschriften 1 + 68, DGUV Grundsatz 308-001 u. dgl.

Gefahren für Mensch und Umwelt

- Sach- und Personenschäden durch unbefugtes Benutzen und vorschriftswidriges Steuern von Flurförderzeugen.
- Verlust der Standsicherheit, Umsturz / Absturz von Maschinen.
- Stürzen von Personen beim Auf- und Absteigen auf oder vom Fahrerplatz.
- Fortrollen von ungesicherten Flurförderzeugen.
- Anfahren von Personen und Gegenständen.
- Herabfallende Lagereinrichtungsteile und -geräte.
- Quetschen an Betriebsanlagen und Maschinenteilen.
- Freiwerdende Säuren, Laugen und Öle.
- Abgase, Lärm.
- Stromübertritt bei Arbeiten in der Nähe von elektrischen Freileitungen.

Schutzmaßnahmen und Verhaltensregeln

- Jeder Beschäftigte hat das Arbeitsschutzgesetz, die Unfallverhütungs- und Umweltvorschriften, die Betriebsanleitungen der Flurförderzeughersteller und die Betriebsanweisungen zu beachten.
- Flurförderzeuge dürfen nur von geeigneten, ausgebildeten / unterwiesenen und mindestens 18 Jahre alten Personen gesteuert werden, die von der Betriebsleitung oder dessen Beauftragten
  Herrn / Frau: ____________
  hierzu beauftragt wurden.
- Beim Führen von Flurförderzeugen ist behinderungsfreie Kleidung sowie die vorgegebene persönliche Schutzausrüstung zu tragen.
- Tägliche Einsatzprüfung am Flurförderzeug / Anbaugerät durchführen.
- Auf Frontsitzstaplern ist vom Fahrer und ggf. vom Beifahrer das Rückhaltesystem zu benutzen.
- Flurförderzeuge müssen so eingesetzt, verfahren und betrieben werden, dass die Standsicherheit nicht gefährdet ist.
- Es dürfen nur die von der Betriebsleitung freigegebenen Verkehrswege befahren werden.
- Beachten Sie die innerbetriebliche Verkehrsregelung: grundsätzlich gilt bei uns die Straßenverkehrsordnung.
- Es sind die Beleuchtungseinrichtungen gemäß Anweisung zu benutzen.
- Beim Umgang mit gefährlichen Gütern oder Gefahrstoffen sind die Betriebsanweisungen gemäß Gefahrstoffverordnung zu beachten.
- Das Mitfahren von Personen ist nur auf hierfür eingerichteten Flurförderzeugen und das Hochfahren von Personen nur mit einer Arbeitsbühne zulässig. Beides bedarf einer Extra-Genehmigung.
- Für Sondereinsätze sowie für das Steuern spezieller Flurförderzeugbauarten sind außerdem die Zusatzbetriebsanweisungen zu beachten.
- Flurförderzeuge sind vorschriftsmäßig stillzusetzen und nur auf den hierfür vorgesehenen Flächen zu parken.
- Vor dem Verlassen des Flurförderzeuges ist der Fahrschlüssel o. dgl. abzuziehen und sicher zu verwahren.
- Das Laden von Batterien, und das Tanken von Treibstoffen bzw. das Wechseln von Druckgasflaschen ist nur an den vorgegebenen Orten durchzuführen – siehe auch Zusatzbetriebsanweisung(en).

Verhalten bei Störungen und Sicherheitsmängeln

- Bei Versagen der Steuerung, der Bremsen oder der Lenkung, bei Fehlern in der Hubeinrichtung, bei Mängeln an oder auf den Verkehrswegen und -einrichtungen oder Ähnlichem ist das Flurförderzeug stillzusetzen.
- Festgestellte Mängel sind sofort dem zuständigen Vorgesetzten zu melden.
  ☎ Meldestelle: ____________
  Anweisungen des Vorgesetzten abwarten und befolgen.
- Flurförderzeug abschleppen (s. Zusatzbetriebsanweisung).
- Bei Stromübertritt auf das Flurförderzeug: Hubmast heben oder senken und Flurförderzeug aus dem elektrischen Gefahrenbereich herausfahren! Außenstehende auf Abstand halten! Strom abschalten lassen! Erst vom Fahrzeug absteigen, wenn es stromfrei ist.
- ____________
- ____________

Verhalten bei Unfällen – Erste Hilfe (Notruf 112)

- Unfallstelle und Fahrzeug sichern.
- Sofortmaßnahmen am Unfallort durchführen, ggf. Ersthelfer hinzuziehen.
- Alarm- und Rettungsplan beachten.
- Unfall melden (s. a. Erste-Hilfe-Aushang).
  ☎ Meldestelle: ____________
- ____________

Instandhaltung und Entsorgung

- Instandhaltungsarbeiten dürfen nur von hierfür beauftragten Personen durchgeführt werden.
  ☎ Instandhaltung: ____________
- Auslaufende Öle, Treibstoffe, Säuren und Laugen sachgerecht auffangen und entsorgen. Schäden melden!
  ☎ Entsorgung: ____________
- ____________

Folgen bei Nichtbeachtung

- Gesundheitsrisiken: Verletzung, Erkrankung, Invalidität, Tod.
- Rechtsfolgen: Abmahnung, Versetzung, Kündigung, Haftung, Regress, Bußgeld, Strafen nach dem Strafgesetzbuch.

Reg.-Nr. ____________ Datum/Stempel/Unterschrift(en) – Unternehmer/Beauftragte(r) ____________

Muster Betriebsanweisung

Wichtige Informationen am Regal

Diese oder ähnliche Bilder erwarten Sie in der Praxis. Die Bedeutung / Inhalte dieser Schilder zu kennen, ist wichtig. Es gibt:

- ➜ Typenschilder (auch „Traglastetikett" oder „Anlagenschild" genannt)
- ➜ Prüfplaketten
- ➜ Firmenspezifische Ordnungsschilder
- ➜ Ggf. sonstige Hinweise Ihres Unternehmens

Wenn es um die Vermeidung von Unfällen und Regalschäden geht,

Prüfplakette mit Hinweis auf den nächsten Inspektionstermin

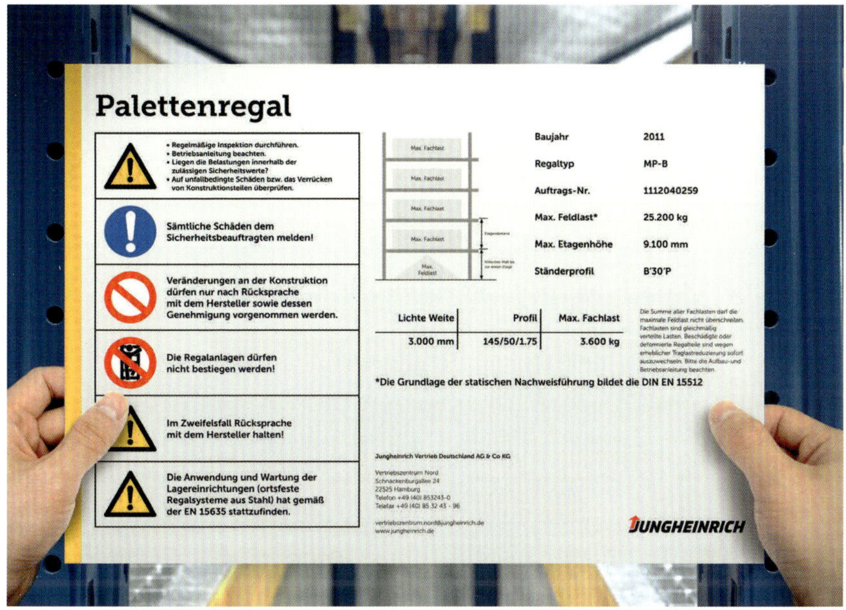

Muster Typenschild

Firmenspezifische Ordnungsschilder

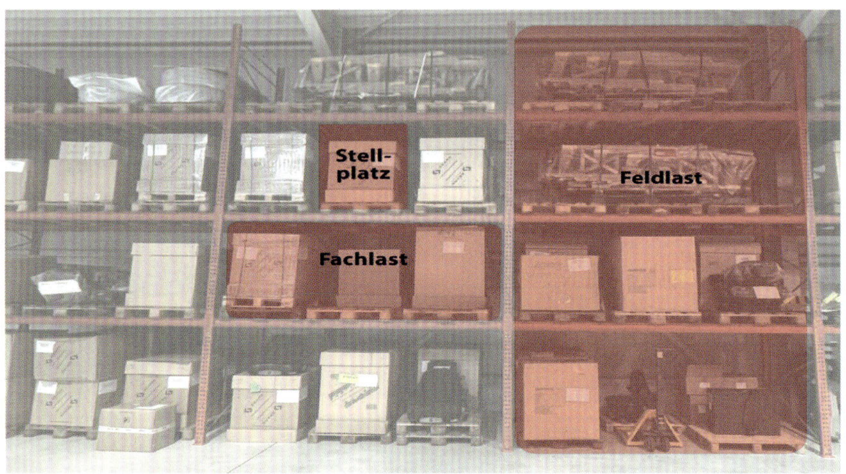

benötigen Sie die Informationen aus dem Typenschild. Die darin enthaltenen Belastungshinweise des Herstellers sind unbedingt zu beachten.

Regale mit über 200 kg Fachlast oder einer Feldlast von mehr als 1.000 kg müssen grundsätzlich über (gut sichtbare) Typenschilder direkt am Regal verfügen. Diese Schilder müssen folgende Angaben enthalten:

- Hersteller, Einführer oder Händler
- Typbezeichnung, Artikelnummer
- Baujahr, Kommissionsnummer
- Zulässige Fach- und Feldlasten / Belastungen der einzelnen Kragarme und Stützen
- Knicklänge (Höhe bis erste Trägerebene)
- Fachabstand
- Gegebenenfalls elektrische Kenndaten
- Maximale Fachhöhe

Wichtig für Sie zu wissen: Sind die Regalschilder noch aktuell?

Fachlast = welches Gewicht ein einzelnes Fach tragen kann

Feldlast = welches Gewicht alle Felder innerhalb von zwei Regalständern tragen können

Freie Knicklänge – „K" = Abstand zwischen dem Fußboden und der ersten Fachebene

Wenn im Laufe der Zeit Änderungen an einem Regalsystem vorgenommen werden, kann das zur Folge haben, dass die Angaben auf dem Typenschild nicht mehr den aktuellen Gegebenheiten entsprechen. Dies könnte z. B. der Fall sein, wenn

- das Regal an einer anderen Stelle aufgestellt wurde und z. B. die Bodenbeschaffenheit, die Verkehrswege usw. nicht den Anforderungen entsprechen,
- die Regalhöhe erweitert wurde,
- die freie Knicklänge überschritten wurde,

- Traversen eingesetzt wurden, die eine geringere Tragfähigkeit aufweisen,
- Fachböden eingebaut wurden, um nicht palettierte Lasten aufzunehmen oder umgekehrt,
- zusätzliche Traversen bzw. Fachböden entfernt oder eingebaut wurden.

Wird umgebaut, ist deshalb das Typenschild von einem Fachmann neu zu erstellen und anzubringen.

Grundregeln für Bediener von Flurförderzeugen

Nicht jeder im Betrieb darf Gabelstapler fahren.

Grundvoraussetzungen für das selbstständige Bedienen eines Flurförderzeugs sind Volljährigkeit, eine theoretische und praktische Ausbildung mit erfolgreich abgelegter Prüfung sowie eine entsprechende Eignung (körperlich / geistig / charakterlich).

Jugendliche unter 18 Jahren dürfen im Rahmen ihrer Ausbildung nur unter ständiger Beaufsichtigung Gabelstapler fahren. Der Aufsichtsführende sollte schriftlich benannt werden, damit keine Missverständnisse entstehen.

Des Weiteren darf im Betrieb nur derjenige mit dem Gabelstapler arbeiten, der dazu vom Unternehmer schriftlich (Fahrauftrag bspw. in einem Fahrausweis festgehalten) beauftragt wurde.

Bestell-Nr. FA5

Fahrausweis für Gabelstapler

Reg.-Nr. ______________________

(für interne Zwecke, z. B. Personal-, Lehrgangsnummer o. Ä.)

Fahraufträge sind von jedem Unternehmen neu zu erteilen. Für weitere Fahraufträge o. dgl. ist ein Ergänzungsblatt erhältlich.
**** Nichtzutreffendes in den jeweiligen Rubriken streichen.***

Ausgabe 2022
© 1985, Resch-Verlag, Dr. Ingo Resch GmbH, Maria-Eich-Straße 77, D-82166 Gräfelfing, Telefon: 089 85465-0, www.resch-verlag.com
Alle Rechte vorbehalten.
Nachdruck – auch auszugsweise – nicht gestattet.

Muster Fahrausweis

Zusatzausbildungen

Mit der **Grundausbildung** zum Gabelstaplerfahrer (Frontstapler) dürfen Sie nicht automatisch auch jedes andere Gerät bedienen. Für das Führen von Schubmast-, Quer-, Container-, Regal-, Kommissionierstaplern, Wagen und Schleppern benötigen Sie eine **Zusatzausbildung** (soweit diese Spezialausbildung nicht bereits bei Ihrer Grundausbildung mitgeschult und geprüft wurde). Dies gilt auch für den Transport hängender Lasten. Denn spezielle Gerätearten und Einsatzbereiche bedingen auch immer spezielle Gefahren, die man kennen muss.

Fort- und Weiterbildung

Regelmäßige **Unterweisungen** sind Pflicht. Verschüttetes Wissen muss aufgefrischt werden und auch nach Beinahe-Unfällen ist die Unterweisung ein wichtiges Instrument des Unternehmers, um Schäden zu vermeiden.

Diese finden auf Grundlage der DGUV Vorschrift 68 „Flurförderzeuge" statt.

Ändern sich die Anforderungen im Betrieb, ist Weiterbildung erforderlich. Beim Umgang mit Gefahrgütern und beim Fahren in explosionsgefährdeten Räumen ist eine Zusatzausbildung notwendig. Es ist grundsätzlich ratsam, sich immer wieder auf den neuesten Stand zu bringen.

Achten Sie bei geänderten Bedingungen im Betrieb auch darauf, ob Ihre persönliche Schutzausrüstung (PSA, s. Seite 20) noch dafür geeignet ist.

Anforderungen an den Bediener

Achten Sie auf Ihre Gesundheit!

Sie sind für Ihre Gesundheit sowohl privat als auch am Arbeitsplatz **verantwortlich**.

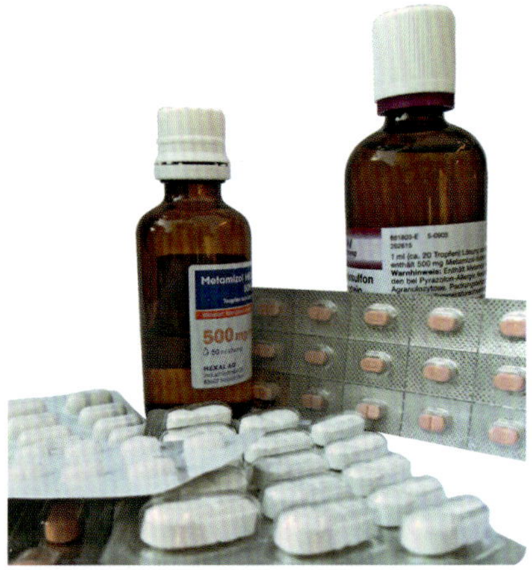

Alkoholkonsum schränkt Ihre Reaktionen erheblich ein. Während Ihrer Tätigkeit dürfen Sie deshalb **keine alkoholischen Getränke** zu sich nehmen. Aber auch der **Restalkohol** vom gemütlichen Abend davor könnte noch nicht vollständig abgebaut sein und Ihr Verhalten / Ihre Reaktionsfähigkeit einschränken.

Suchtmittel- oder Medikamentenmissbrauch kann Ihr Wahrnehmungsvermögen stark verändern. Aber auch „reguläre" **Medikamente bergen u. U. Gefahren**. Sprechen Sie Ihren Arzt ggf. in Bezug auf Ihre Tätigkeit an, als Staplerfahrer bedienen Sie schließlich „schweres (gefährliches) Gerät".

Ein hoher Lärmpegel schränkt Ihre Konzentration ein und schädigt Ihr Gehör. Deshalb gilt: **Keine laute Musik am Arbeitsplatz.**

Es ist auch wichtig, dass Sie Ihre Pausen einhalten. Überanstrengung und Übermüdung können Unfälle hervorrufen.

Da fit sein eine sehr gute Vorsorge gegen Unfälle ist, sollten Sie Ihre Gesundheit durch Sport, ggf. auch Ausgleichssport erhalten.

Arbeitsmedizinische Untersuchungen
Der Arbeitgeber ist zur gesundheitlichen Fürsorge gegenüber seinen Mitarbeitern verpflichtet. Arbeitsmedizinische Untersuchungen werden zum einen als Vorsorgemaßnahme durchgeführt, bestimmen die Eignung der Mitarbeiter hinsichtlich bestimmter Arbeiten und helfen bei der Einstellung von Beschäftigten. Sie sollen arbeitsbedingte Erkrankungen / Berufserkrankungen frühzeitig erkennen und ihnen vorbeugen. Hierfür beraten Betriebsärzte den Arbeitgeber hinsichtlich der Eignung der Mitarbeiter und den zutreffenden arbeitsmedizinischen Arbeitsschutzmaßnahmen.

Vorbildliches Verhalten

Immer auf die eigene Sicherheit und die anderer achten.

Lagerist und Flurförderzeugführer müssen sowohl für die eigene Gesundheit und Sicherheit als auch die anderer Mitarbeiter und weiterer Personen sorgen. Folglich immer **vorbildlich handeln**, insbesondere auch, wenn Auszubildende mitarbeiten, die falsche Verhaltensmuster übernehmen könnten.

Des Weiteren haben Lagerist und Flurförderzeugführer den **Anweisungen** des Arbeitgebers **Folge zu leisten**. Die Anweisungen können mündlich und schriftlich erfolgen.

Verstößt der Arbeitgeber mit seinen Weisungen allerdings gegen die Sicherheit und Gesundheit seiner Mitarbeiter, so ist die Ablehnung der Anweisungen erlaubt. In dieser Situation haben der Lagerist und Flurförderzeugführer eine wichtige **Unterstützungspflicht**, um Gefahren und Unfälle mit ihren Folgen zu vermeiden.

Persönliche Schutzausrüstung – PSA

> PSA dient dem Schutz des Körpers vor schädigenden Einflüssen (mechanisch, chemisch, thermisch, biologisch, Elektrizität, Strahlung, Witterung, Warnkleidung).

PSA bedeutet Selbstschutz und sollte allein schon deshalb getragen werden. Ordnet sie der Unternehmer an, ist sie Pflicht. Dazu führt der Unternehmer eine Gefährdungsbeurteilung durch und ermittelt, welche Schutzausrüstung der Lagerist oder der Staplerfahrer (ggf. bereichsbezogen) tragen müssen.

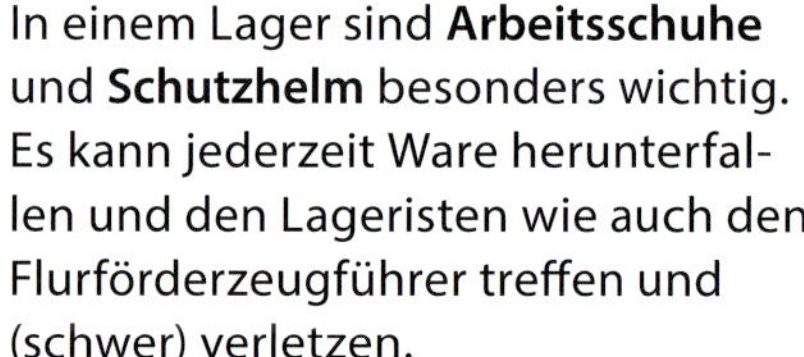

In einem Lager sind **Arbeitsschuhe** und **Schutzhelm** besonders wichtig. Es kann jederzeit Ware herunterfallen und den Lageristen wie auch den Flurförderzeugführer treffen und (schwer) verletzen.

Besonders bei der Bedienung von Handhubwagen und handgeführten Kommissionierern kann es zu Quetschungen im Fußbereich kommen, was sich durch das Tragen von **Sicherheitsschuhen** vermeiden lässt.

Weitere Bestandteile einer PSA sind **Schutzhandschuhe und -brille**; bei Bedarf bzw. ermittelter Gefährdung / Einsatz in speziellen Bereichen ergänzend **Gesichts- und / oder Atemschutz.** In lärmintensiven Industriebereichen ist ein **Gehörschutz** unerlässlich, in Kühlhäusern **Kälteschutzkleidung**. Auch **Warnkleidung** kann erforderlich sein, bspw. um besser gesehen zu werden.

Kontrollieren Sie nicht nur täglich Ihren Stapler auf Mängel, sondern auch Ihre PSA. Behandeln Sie sie pfleglich und lagern Sie sie nach Arbeitsende sauber und sorgfältig.

Defekte PSA dürfen Sie nicht benutzen, melden Sie auch hier einen Mangel sofort an Ihren Vorgesetzten.

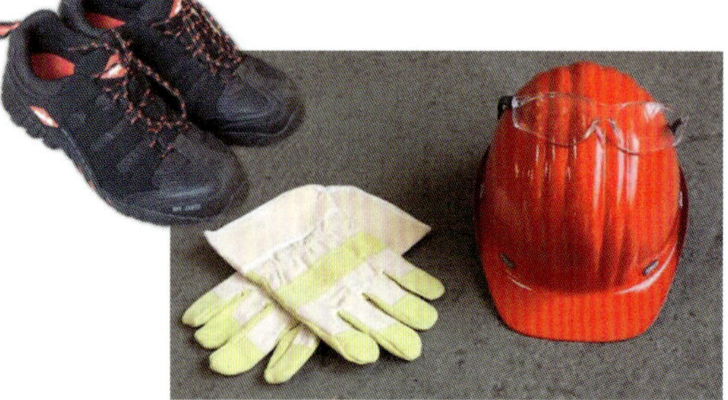

Schutzhandschuhe, -brille, -helm und Arbeitsschuhe sind wichtige PSA-Bestandteile eines Lageristen.

Prüfungen

Jeder, der Arbeitsmittel in der Intralogistik bereitstellt, begutachtet und nutzt, ist dafür verantwortlich, dass diese so sicher wie möglich sind.

D.h. Bediener und befähigte Personen sind angehalten, wachsam auf Zustand, Beschaffenheit und Funktionen der eingesetzten Regale und Flurförderzeuge zu achten.

Vor Arbeitsbeginn

Als Bediener haben Sie die Pflicht, vor Arbeitsbeginn Geräte und Einrichtungen auf erkennbare Mängel und Funktionsfähigkeit zu prüfen.

Regale müssen in jedem Fall standfest sein. Verdrehte Ständer oder eingeknickte Traversen stellen eine große Gefahrenquelle dar.

Die Regale müssen richtig beladen sein. Hierbei sollten auch die **Ladeeinheiten** (Ware inkl. Paletten oder Gitterboxen) bezüglich Zustand, Gewicht, Maßen und Standfestigkeit betrachtet werden (Einzelheiten im Kapitel „Der sichere Betrieb").

Flurförderzeuge müssen täglich auf ihre Einsatzfähigkeit überprüft werden. Hier sind Checklisten wie die 4x4 Merkregeln des Resch-Verlags nützlich.

Aber behalten Sie auch den **Arbeitsbereich** selbst stets im Auge. Fahrbahnmarkierungen müssen lesbar / gut erkennbar und die Beleuchtung ausreichend sein.

Werden **elektrische Anlagen**, z. B. beim Verschieben von Regalen verwendet, muss die Technik zu jeder Zeit in einem einwandfreien Zustand sein.

Stellen Sie **Mängel** fest, die die Arbeitssicherheit gefährden, so dürfen Sie das Flurförderzeug oder die Betriebseinrichtung **nicht benutzen**. Informieren Sie Ihren Vorgesetzten, damit der Mangel durch eine fachkundige Person behoben werden kann. Ggf. ist einstweilen ein anderes Flurförderzeug zur Verfügung zu stellen. Sind Regale beschädigt, sodass die Standfestigkeit nicht mehr gewährleistet ist, müssen diese **gesperrt** werden.

Wöchentliche Überprüfung

Regelmäßige Sichtkontrollen an Regalen sind für die Betriebssicherheit wichtig, denn ein Schaden kann sehr schnell auftreten. Halterungen können sich lockern, Korrosionen können das Material und damit die Stabilität beeinträchtigen.

Diese interne Prüfung wird i. d. R. durch betriebszugehöriges Personal durchgeführt, welches entsprechend unterwiesen wurde. Der Unternehmer entscheidet, wer in seinem Betrieb die interne Regalprüfung durchführt. Es bietet sich an, eine Person auszuwählen, der genug Vertrauen geschenkt wird, die Kontrolle ernst zu nehmen und die Sicherheit im Lager zu unterstützen.

Diese Person muss das Regal (auch die Einlagerung und den Zustand der Ladehilfsmittel) wöchentlich auf Beschädigungen und Mängel hin überprüfen und diese dokumentieren. Der Vorgesetzte wertet den Bericht aus und entscheidet, wie weiter verfahren wird.

Für Lageristen und Staplerfahrer gilt: Sehen Sie auch selbst lieber einmal zu oft hin, als einmal zu wenig.

Jährliche Prüfung

Umfangreiche Regalkontrolle durch befähigte Person

Gemäß DIN EN 15635 müssen Regale mindestens alle **12 Monate und nach Änderungen** durch eine befähigte Person geprüft werden. Eine befähigte Person ist ein ausgebildeter Regalprüfer, welcher über spezielle Fachkenntnisse verfügt, um den arbeitssicheren Zustand der Regale beurteilen zu können.

Inzwischen bietet der Markt Apps an, mit denen das Prüfprotokoll digital erfasst werden kann. Der Vorteil ist, dass der Prüfer den Mängeln direkt Bilder zuordnen und den Betreiber besser darüber unterrichten kann.

Beispiel einer Regalprüfung mittels App

© CHEQSITE

Detaillierte Informationen

Gerüst: RST Paletten - Regalprüfung gem. DIN EN 15635

Import - Palettenregal Int. Nr.

Hersteller: RST
Art: Palettenregal einseitig
Baujahr: 2021
Bedienung: FFZ
Fachebenen: 7-8
Fachlast: 3000 kg

Feldlast: 16800 kg
Knickpunkt: 2000 mm
Lichte / Weite Regalfeld: 2800 mm
Regalhöhe: 10400 mm
Ständer & Trägerprofil: Warmgewalzt
Komm.Nr.: AB210252

#	Prüfpunkt	Bewertung
	Montage & Aufbau	
1	Typenschild & Belastungshinweise vorhanden	i.O.
2	Regalanlage gem. Montageanleitung aufgebaut	i.O.
3	Untergrund ausreichend stabil	i.O.
4	Regale standsicherer & im Lot	i.O.
5	Regalstützen im Boden befestigt	i.O.
6	Traversen korrekt eingehangen & Sicherungsstifte vorhanden	i.O.
7	Anfahrschutz vorhanden (min. 30cm hoch) & befestigt	nicht zutreffend
8	Erforderliche Distanzen bei Doppelregal vorhanden	nicht zutreffend
	Schutzmaßnahmen	
9	Zusätzliche Schutzsysteme	nicht zutreffend
10	Regalböden	nicht zutreffend
11	Durchschubsicherung	nicht zutreffend

Da der Prüfumfang der sog. **Regalinspektion** sehr umfangreich ist, werden hier nur wesentliche Faktoren beschrieben:

Es müssen **Schäden an Teilen der Konstruktion** untersucht und in drei Sicherheitsbereiche eingegliedert werden. Es wird zwischen grüner, oranger und roter Gefahrenstufe unterschieden.

U. a. müssen Verformungen und Beschädigungen an Stützen und Diagonalstreben überprüft und Risse in Schweißnähten analysiert werden. Sicherungen an Stützen und Anfahrschutz sollen ebenfalls geprüft werden. Die Position der Ladeeinheit muss stimmen, und die Typenschilder müssen korrekt angeordnet sein. Es ist besonders wichtig, dass die Tragfähigkeit und Informationen auf dem Typenschild eingehalten werden.

Bei dieser jährlichen Prüfung muss ebenfalls eine Dokumentation angefertigt werden. Die befähigte Person

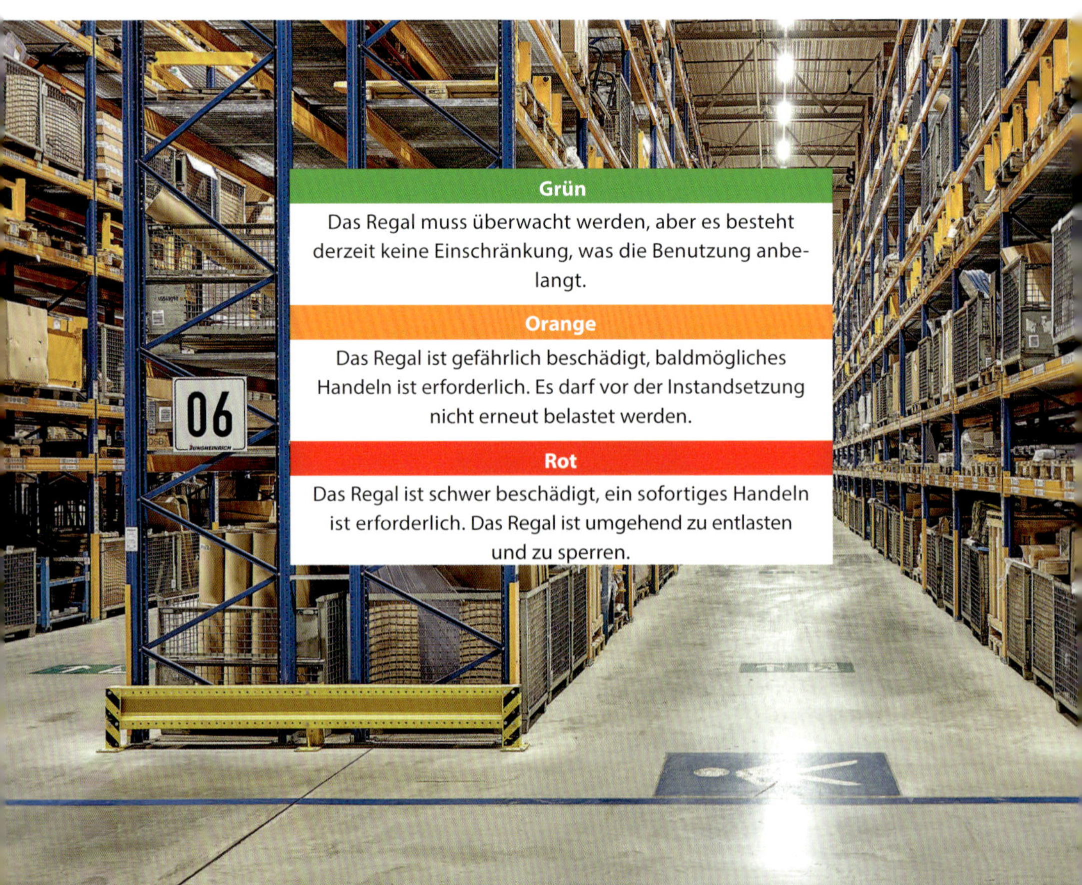

Grün
Das Regal muss überwacht werden, aber es besteht derzeit keine Einschränkung, was die Benutzung anbelangt.
Orange
Das Regal ist gefährlich beschädigt, baldmögliches Handeln ist erforderlich. Es darf vor der Instandsetzung nicht erneut belastet werden.
Rot
Das Regal ist schwer beschädigt, ein sofortiges Handeln ist erforderlich. Das Regal ist umgehend zu entlasten und zu sperren.

muss darin sämtliche Schäden aufführen und bewerten, bevor sie den zuständigen Vorgesetzten über den Regalzustand und die Betriebssicherheit informiert. Der Betreiber / Unternehmer ist dazu verpflichtet, die Anmerkungen des Prüfers aufzunehmen und weitere notwendige Maßnahmen umzusetzen.

Achtung! Der Lagerist und der Flurförderzeugführer haben die Farbeingrenzungen zu beachten. Wird ein Regal in die rote Gefahrenstufe eingestuft, darf das Regal nicht mehr benutzt werden. Sicherheitsabstand dazu einhalten!

Regalarten - Nutzung und Bedienung

Bauformen – Regaltypen

Heutzutage ist es möglich, für jeden Lagerbestand und jeden Arbeitsbereich eine passende Regalkonstruktion herzustellen.

Es gibt eine Vielzahl von Bauformen, die das Lagern auf unterschiedlichste Weise ermöglichen. Bei jedem Regaltyp müssen verschiedene Faktoren beachten werden, damit die Arbeitssicherheit in jedem Fall gewährleistet wird.

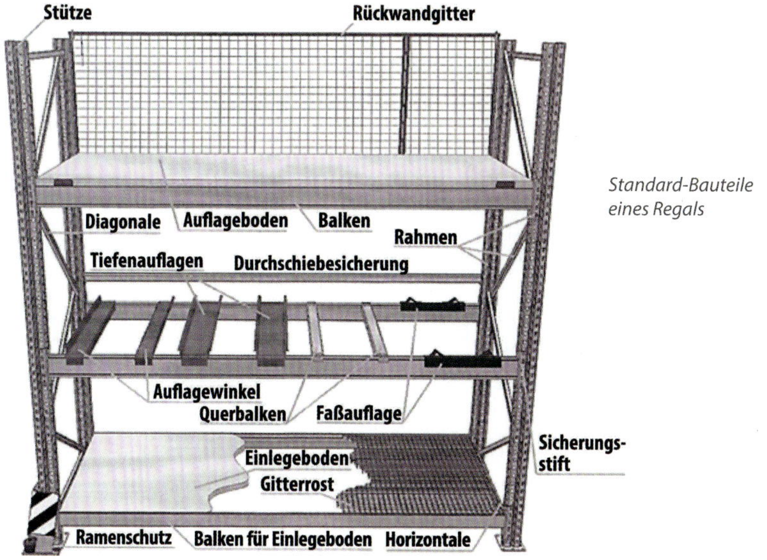

Standard-Bauteile eines Regals

Nicht jedes Flurförderzeug ist für jede Regalkonstruktion geeignet. Die Auswahl ist vor allem von den erforderlichen Sicherheitsabständen in den Regalgängen abhängig.

In diesem Kapitel werden u. a. alle relevanten Aspekte bezüglich der verschiedenen Regalkonstruktionen erläutert. So erhalten Sie auch eine Übersicht über die Vielfältigkeit des Lagerwesens.

Palettenregal – das Standardsystem

Aufgrund ihrer Vielseitigkeit werden Palettenregale in allen Industrie- und Logistikbereichen eingesetzt, in denen palettierte Ware gelagert wird, bspw. in Baumärkten und dem Baustoffhandel.

Sie werden hauptsächlich mit Front-, Schubmast- und Vierwegestaplern sowie mit Hochhubwagen bedient.

Das müssen Sie beachten

Bevor Sie ein Palettenregal beladen, müssen Sie sich mit den **Traglastangaben auf dem Typenschild** vertraut machen und sich vergewissern, dass die Ware eingelagert werden darf.

Wie auch bei jedem weiteren Regaltyp dürfen Sie nicht in das Regal steigen, um bspw. verrutschte Ladung zu verschieben. Nutzen Sie hierfür immer ein entsprechendes Bediengerät.

Sonderformen

Sonderformen von Palettenregalen sind Hochregal- und Schmalgangsysteme, Durchlauf- sowie Einfahr- und Durchfahrregale.

Rahmenprofile

Warm- und kaltgewalzte Rahmenprofile

Das klassische, weltweit eingesetzte kaltgewalzte Rahmenprofil ist ein profilierter Blechstreifen und dient dem normalen Lagerbetrieb. Solch ein Profil ist auf dem Bild Seite 27 links oben (blauer Ständer) zu sehen, die Breite beträgt 100 mm.

Warmgewalzte Profile sind durch ihre Materialstärke widerstandsfähiger

Kaltgewalztes Profil

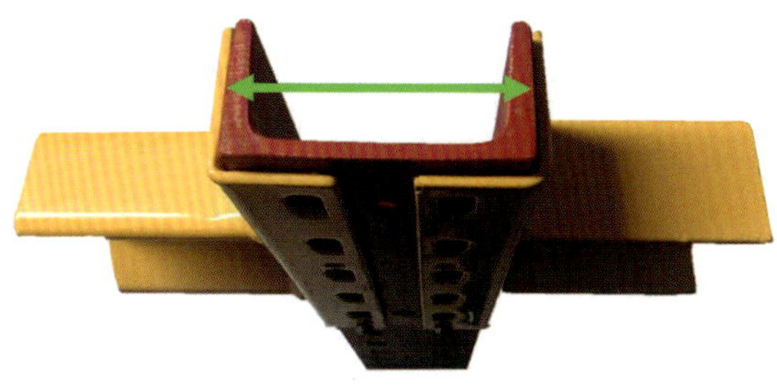

Warmgewalztes U100-Profil

als kaltgewalzte Profile und demnach unempfindlicher gegen Stöße durch den Gabelstapler. Dieses Profil wird besonders für das raue Lagergeschäft empfohlen. Das warmgewalzte Rahmenprofil ist ein Stahlprofil und dadurch kostenintensiver als kaltgewalzte Rahmenprofile. Das rote Profil auf dem Bild rechts oben ist ein U100-Profil. Der Name „U100" steht für eine U-Form des Ständers mit einer Breite von 100 mm.

Welches Profil verwendet wird, ist von der Ware, die in dem Regal eingelagert werden soll, und dem Einsatz (ob z. B. im Baustoffhandel oder in einer Gießerei) abhängig.

Traversenprofile

Wie bei den Rahmenprofilen gibt es auch bei den Traversenprofilen unterschiedliche Arten. Traversen können durch Systemstanzungen in den Trägern sehr genau angebracht werden, sodass feine Höhenabstimmungen der Auflagen möglich sind und Lagerraum gespart werden kann.

Es wird zwischen Sigma-, Kastenprofil und IPE-Träger unterschieden.

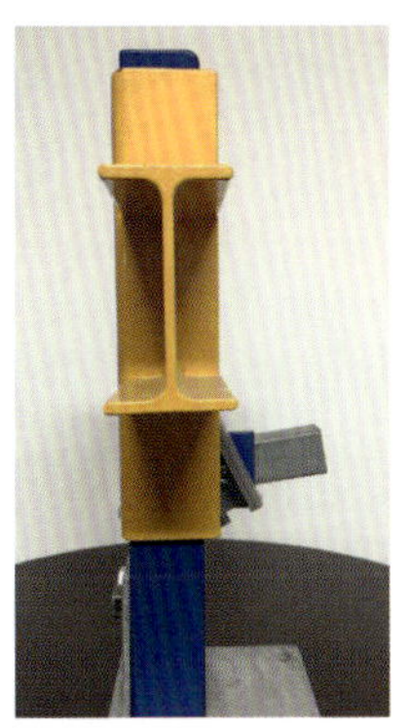

IPE-Träger sind warmgewalzte Profile.

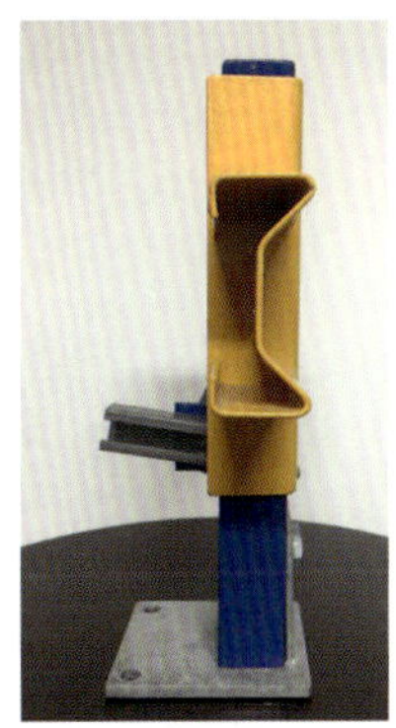

Sigmaprofile sind kaltgewalzte Traversen.

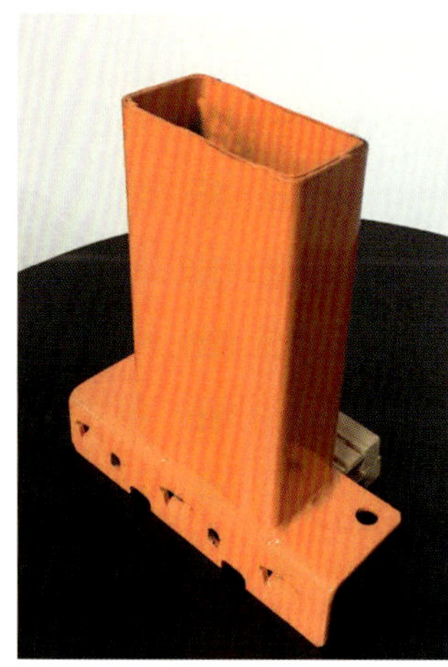

Kastenprofile entstehen aus zwei gegenüberliegenden U-Blechen. Die U-Bleche sind gewalzte Blechstreifen, die durch Schweißpunkte miteinander verbunden werden.

Welche Traversen eingesetzt werden, ist ebenfalls von der einzulagernden Ware und dem Einsatzort des Regals abhängig und wird vom Regalplaner (in der Regel der Hersteller oder dafür ausgebildete Unternehmen) entschieden.

Hochregal- / Schmalgangsystem

Der Begriff „Hochregallager" ist in keinem Regelwerk genau definiert. Viele bezeichnen ein Regal als Hochregallager, wenn es vollautomatisch gesteuert ist, andere erklären es als ein Palettenregal mit einer Höhe von fünf Metern aufwärts.

Ein Schmalgangregal wird meistens manuell bedient. Es ist gekennzeichnet durch einen schmalen Arbeitsgang (Gangbreiten von ca. 1,20 - 2,0 m).

Bedienung
Hochregale und Schmalgangsysteme können nur mit speziellen Flurförderzeugen bedient werden. Wir beziehen uns hier auf ein Schmalgangregal.

Die Schmalgangstapler werden mechanisch oder induktiv leitliniengeführt. Bei der mechanischen Methode wird das Flurförderzeug zwischen zwei Stahlprofilen geführt und durch angebrachte Rollen in der Mitte des Ganges gehalten. Die induktive Führung erfolgt über einen im Boden verlegten Leitdraht. Die Flurförderzeuge sind mit einem Zweihand-Bediengerät ausgestattet, welches erkennt, ob der Fahrer die Griffe mit beiden Händen berührt. Nur in diesem Fall sind die Fahr- und Hubfunktionen freigegeben. Somit wird die Sicherheit in dem System erheblich erhöht.

Das müssen Sie beachten
Zu den bereits genannten Aspekten beim Palettenregal brauchen Sie für das Bedienen von Hoch- / Schmalgangregalen eine **zusätzliche Ausbildung und Unterweisung**. Das ist besonders wichtig, wenn Sie in der Fahrerkabine im **Man-Up-Prinzip** auf die gewünschte Ebene mitfahren (s. Bild

Mehrplatz-Schmalgang-System

rechts). Es könnte vorkommen, dass sie sich im **Notfall** aus der Höhe **abseilen** müssen. Deswegen sollten Sie vor Arbeitsbeginn prüfen, ob die richtige PSA-Ausrüstung **(Abseilvorrichtung)** vorhanden und funktionstüchtig ist. Des Weiteren müssen Sie bei dieser Variante **schwindelfrei** sein.

Ein automatisches Hochregallager kann eine Höhe von 40 m erreichen. Dieses Regal wird über vollautomatische Regalbediengeräte be- und entladen, welche sich über eine Schienenführung am Boden und an der Decke bewegen.

Fachbodenregal

Die Lagerung in Fachbodenregalen erfolgt auf Fachböden aus Stahl und Holz über mehrere Ebenen. Die Fachhöhe kann je nach eingelagerter Ware variieren und mit Zubehör wie Lagersichtkästen, Schubladen oder Wannen ausgestattet werden.

„Normale" Fachbodenregale reichen bis 2,50 m Höhe. Einstöckige, handbeschickte Einfach-Fachbodenregale ohne Schubladen, deren Höhe 2,50 m nicht überschreitet, und einstöckige Doppelregale, deren Höhe 4 m nicht überschreitet, müssen nicht am Boden befestigt werden. Voraussetzung hierfür ist, dass das Verhältnis Höhe des obersten Bodens zur Gesamtbreite weniger als 4:1 beträgt.

Die Artikel, die in Fachbodenregalen gelagert werden, sind meist kleine Waren wie Schrauben, Glühbirnen oder Elektroartikel.

Bedienung
Die Bedienung erfolgt in der Regel per Hand. Bei höheren Varianten können auch Horizontal- / Vertikalkommissionierer und Regalbediengeräte verwendet werden.

Auch Fachbodenregale, in die manuell ein- und ausgelagert werden kann, haben eine Kennzeichnungspflicht, wenn die Fachlast größer als 200 kg oder die Feldlast größer als 1.000 kg ist. Bis zu diesen Werten sind keine Belastungsschilder vorgeschrieben, allerdings empfehlenswert.

Das müssen Sie beachten
Zusätzlich zu den bereits bezüglich der Palettenregale genannten Punkten dürfen Sie nur das ein- und auslagern, was sich in direktem Zugriff befindet.

Klettern Sie nicht ins Regal, wenn die Ware zu weit hinten liegt.

Des Weiteren besteht Verletzungsgefahr, wenn **Kleinteile** wie Schrauben lose im Regal liegen. Achten Sie immer darauf, dass sich die Ware in einem entsprechenden **Aufbewahrungsbehälter** befindet. Zusätzlich dürfen **Lebensmittel nicht** im direkten Kontakt mit **verzinkten Fachböden** stehen. Verwenden Sie auch hierfür entsprechende Ladeeinheiten, die den Kontakt mit dem Stahl vermeiden.

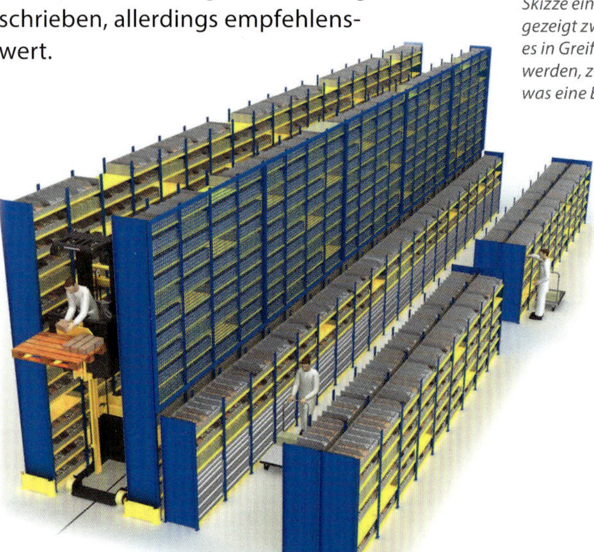

Skizze eines Fachbodenregals. Darin gezeigt zwei Varianten: Zum einen kann es in Greifhöhe von unter 2,50 m gebaut werden, zum anderen aber auch höher, was eine Bodenbefestigung voraussetzt.

Mehrgeschossige Regalanlage

Mehrgeschossige Regalanlagen bieten eine bestmögliche Raumnutzung. Der vorhandene Lagerplatz kann durch weitere Elemente sowohl in die Höhe als auch in die Länge erweitert werden und sorgt folglich für eine individuelle Anpassung an die Bedürfnisse.

Bedienung
Die Bedienung erfolgt hauptsächlich durch den Lageristen ohne mechanische Hilfsmittel, kann aber auch durch Flurförderzeuge erleichtert werden, indem diese die Paletten auf der entsprechenden Ebene absetzen. Für den Personenverkehr innerhalb der mehrgeschossigen Regalanlage werden Treppen benötigt.

Sonderformen
Lager- und Regalbühnen sind Sonderformen der mehrgeschossigen Regalanlage. Regalbühnen werden eingesetzt, wenn die Arbeiten mit dem Kommissionierer überwiegen. Hierfür werden Bühnengänge zwischen den Regalzeilen oder komplette Bühnenflächen eingebaut.

Das müssen Sie beachten
Hier muss nicht nur das Regalsystem in einem einwandfreien Zustand sein, sondern auch andere Einrichtungselemente, die in der mehrgeschossigen Regalanlage integriert sind, wie bspw. Treppen, Leitern, Schutzgeländer und Übergabestationen. **Erweiterungen und Umbauten erfolgen ausschließlich durch den Hersteller oder deren autorisierte Händler.**

Kragarmregal

Kragarmregale dienen dem Lagern von Langgut wie Rohren, Stabmaterialien oder Langholz. Sie bestehen aus den Ständern (Rahmen) und seitlich auskragenden Armen, die dem Regal seinen Namen verleihen.

Die Kragarmständer können für eine ein- oder doppelseitige Nutzung erstellt und die Regalreihen beliebig lang realisiert werden. Die Kragarme können unterschiedlich verstellt werden und ermöglichen eine individuelle Anpassung an unterschiedliche Lagerguthöhen.

Bedienung

Besonders Vierwege- und Querstapler helfen den Lageristen, Kragarmregale zu be- und entladen. Diese Flurförderzeuge benötigen kein Schwenkmanöver im Regalgang und können somit in engen Gängen arbeiten. Frontstapler können ebenfalls Kragarmregale bestücken, wenn die Platzverhältnisse es zulassen.

Das müssen Sie beachten

Zusätzlich zu den bereits bezüglich der Palettenregale genannten Punkten ist Folgendes zu berücksichtigen: **Sie dürfen Armbrücken nur dann anbringen, wenn Sie hierfür ausgebildet sind.**

Es wird zwischen drei verschiedenen Varianten unterschieden: einhängen, einschrauben und einklemmen. Mit Hilfe von Armbrücken können Paletten in einem Kragarmregal eingelagert werden.

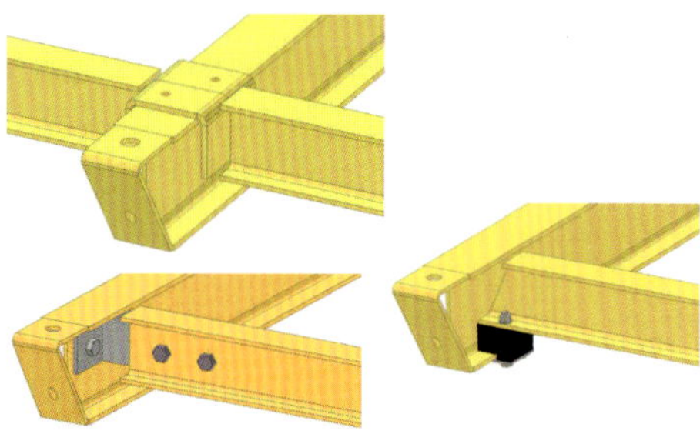

Armbrücke

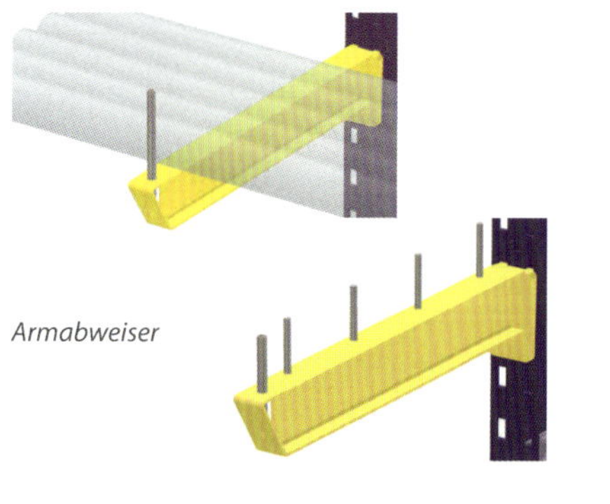

Armabweiser

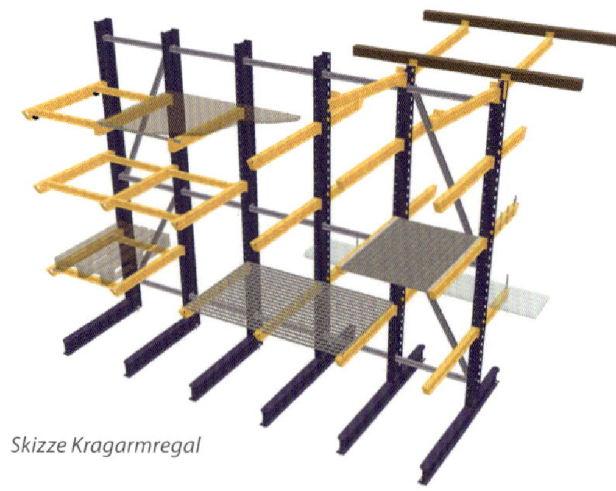

Skizze Kragarmregal

Sollten Sie rollende Lasten einlagern, müssen Sie eine Abrollsicherung verwenden, diese wird Armabweiser genannt.

Die Skizze des Kragarmregals zeigt die Zubehörmöglichkeiten. Es können neben der Standard-Ausführung auch Gitterroste oder Kassetten verwendet werden, die die Lagerung von losem Gut ermöglichen. Spanplatten sollten im Regal nicht verwendet werden. Grund: Wenn sie Feuchtigkeit abbekommen, brechen sie durch.

Verfahrbares Regal

Bei verfahrbaren Regalen befinden sich Paletten-, Kragarm- oder Fachbodenregale auf fahrbaren Untersätzen. Das Verfahren auf Schienen geschieht motorisiert, die Steuerung kann per Hand, durch eine Fernbedienung vom Flurförderzeug aus oder mithilfe eines Verwaltungssystems betätigt werden.

Durch diese Regalkonstruktion kann mehr Lagerraum gewonnen werden, welcher bei konventionellen Paletten-, Kragarm- und Fachbodenregalen für Arbeitsgänge verfügbar sein müsste. Ein verfahrbares Regal wird verstärkt eingesetzt, wenn unterschiedliche Artikel mit geringer Zugriffsanforderung gelagert werden.

Bedienung
Sämtliche Flurförderzeuge können verfahrbare Regale be- und entladen.

Das müssen Sie beachten
Zum Personenschutz werden Sicherheitslichtschranken verwendet. Dennoch sollten Sie das Verschieben / Verfahren der Regale **erst dann starten, wenn der Weg frei ist.**

Beginnen Sie mit dem Be- und Entladevorgang auch erst dann, wenn das Regal ganz ausgefahren und im Stillstand ist, der Gang also seine volle Breite hat.

Gehen Sie sorgfältig mit der Bedieneinheit um – **und betätigen Sie die Steuerung nur, wenn Sie hierzu befugt (unterwiesen) sind.**

Bei Technikfehlern kontaktieren Sie sofort Ihren Vorgesetzten, der eine befähigte Person mit der Instandsetzung beauftragen wird. Reparieren Sie die Anlage niemals eigenständig.

Umlaufregal

Umlaufregale sind bewegliche Regalsysteme, welche nach dem „Ware-zum-Mann-Prinzip" arbeiten. Das bedeutet, dass das Lagergut durch einen zyklischen Umlauf an die Bedienstation gebracht wird und sich mit dem Regalgestell bewegt.

Die Konstruktion wird häufig für extrem schwere oder lange Ware eingesetzt, bspw. für Stoffballen, Folien, Rollen oder Reifen. Das Lagergut wird dem Lageristen auf ergonomischer Arbeitshöhe automatisch bereitgestellt.

Bedienung
Die Bedienung erfolgt manuell per Knopfdruck. Für den Weitertransport der Ware können Frontstapler und Kommissioniergeräte eingesetzt werden.

Frontschiebetor sichert beweglichen Bereich.

Offenes Frontschiebetor nach Stillstand

Das müssen Sie beachten
Sie dürfen das Regal **erst nach gründlicher Einweisung** bedienen.

Zusätzlich müssen Sie **nach Ihren Arbeiten immer den Schlüssel abziehen**, damit Unbefugte das Regal nicht bedienen können.

Bei Regalsystemen, die keine Sicherheitslichtschranke haben, dürfen Sie das **Regal erst dann bedienen, wenn keine weitere Person Ware be- oder entlädt.** Sie könnten Ihre(n) Kollegen sonst schwer verletzen. Dementsprechend sollten Sie beim Be- und Entladen immer darauf achten, dass gerade niemand das Regal bedient.

Durchlaufregal

Mit einem Durchlaufregal wird eine dynamische Blocklagerung vorgenommen – das Lagergut bewegt sich selbstständig auf Rollenbahnen von der Einlagerungsseite zur Entnahmestelle. Folglich arbeitet das System nach dem **FIFO-Prinzip**. „First in – First out" (die Ware, die zuerst eingelagert wurde, also bereits am längsten im Regal liegt, wird als erste wieder entnommen) ist eine gute Lösung für die Lagerung verderblicher Produkte (z. B. Medikamente oder Lebensmittel). Durchlaufregale gewährleisten somit sehr kurze Strecken bei der Kommissionierung. Sie werden bevorzugt als Pufferlager im Versand und im Produktionsbereich verwendet.

Bedienung
Die Paletten laufen durch eine Neigung über Rollbahnen bis zur Entnahmestation. Bremsrollen regulieren die Geschwindigkeit und Trennvorrichtungen teilen die erste Palette von den restlichen, bis sie aus dem Regal entnommen wird. Front- und Schubmaststapler lagern die Ware ein und aus. Für die untere Ebene werden teilweise Handhubwagen verwendet.

Das müssen Sie beachten
Die Beschickung und Entladung erfolgt getrennt, daher müssen Sie die

Ware immer auf **der richtigen Seite** absetzen oder entnehmen. Da sich die Palette über Rollensysteme bewegt, muss sie **zentral und mittig eingelagert** werden. Beschädigte Paletten, überstehende Ware oder loses Verpackungsmaterial können zwischen den Rollen eingeklemmt werden und das System zum Stillstand bringen.

Das **Einschubregal** ist eine Sonderform des Durchlaufregals, bei welchem das Lagergut gegen die Neigung der Rollbahn mithilfe eines Frontstaplers oder Beschickungsgerätes in den Kanal geschoben wird. Bei der Auslagerung rücken die Paletten im Regal nach. Somit besitzt das Einschubregal nur einen Bediengang.

Die Neigung der Bahnen beträgt beim Durchlauf- wie auch beim Einschubregal 3-5 %.

Im Gegensatz zum Durchlaufregal herrscht hier das **LIFO-Prinzip** („Last in – First out"), das bedeutet, die Ware, die zuletzt eingelagert wurde, die also am kürzesten eingelagert ist, wird als erste wieder entnommen. Somit eignen sich Einschubregale besonders für Güter ohne Haltbarkeitsdatum. Beispiele sind Printmedien / Kataloge oder auch Lebensmittelkonserven mit einem langen Mindesthaltbarkeitsdatum.

Das müssen Sie beachten
Beim Be- und Entladen eines Einschubregals gilt grundsätzlich das Gleiche, was auch für das Durchlaufregal von Bedeutung ist. Da Sie bei dieser Form die vorher eingelagerte Palette durch das Absetzen der neuen Palette nach hinten schieben, dürfen nur **Standardgabelzinken für Euro-Paletten** verwendet werden. Grund: Längere Zinken können die hintere Palette bei der Einlagerung beschädigen.

Einfahr- / Durchfahrregal

Einfahrregale können nur von einer Seite aus bedient werden, Durchfahrregale von zwei Seiten. Der Staplerfahrer fährt direkt in das Regal hinein.

Bedienung
Die Bedienung der Regale erfolgt über mechanisch oder induktiv geführte Schubmaststapler. Des Weiteren werden speziell angepasste Frontstapler verwendet, vorausgesetzt, sie entsprechen den Sicherheitsvorgaben (Hinweis: Bei Fragen zur bestimmungsgemäßen Verwendung eines Flurförderzeugs immer Rücksprache mit dem Hersteller halten). Der Staplerfahrer hebt die einzulagernde Palette auf die gewünschte Höhe und fährt dann in das Regal hinein, um die Palette auf

der jeweiligen Ebene abzulegen. Es muss ein bestimmter Zyklus beachtet werden: Beim Einlagern wird das Regal von unten nach oben, von hinten nach vorne beladen. Beim Auslagern erfolgt dies spiegelbildlich (s. Abb.). Wird dies missachtet, kann die Ware nicht mehr vorschriftsgemäß ein- und ausgelagert werden.

Das müssen Sie beachten

Zwar ermöglichen Einfahr- bzw. Durchfahrregale eine enorme Flächen- und Raumnutzung, die Sicherheitsabstände zwischen Stapler und Regal werden aber komplett vernachlässigt. Es ist deshalb sehr wichtig, dass Sie Ihr Flurförderzeug **hochkonzentriert** bedienen, damit Sie das Regal nicht beschädigen. Eine kleine falsche Bewegung im Lenkrad reicht aus, um das Heck des Staplers in einen Regalständer zu setzen.

Achtung!
Die Sicherheit des Gabelstaplerfahrers ist nicht gewährleistet.
Im Notfall müssen Sie sehr schnell reagieren, um den Stapler rechtzeitig verlassen zu können.

Richtige Reihenfolge (Ein- / Auslagerungszyklus) beachten

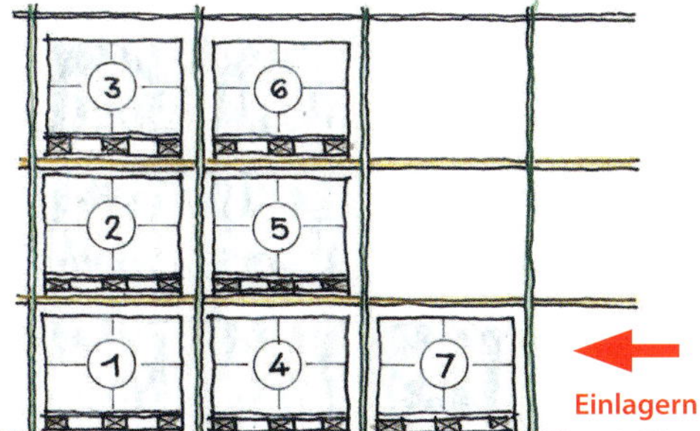

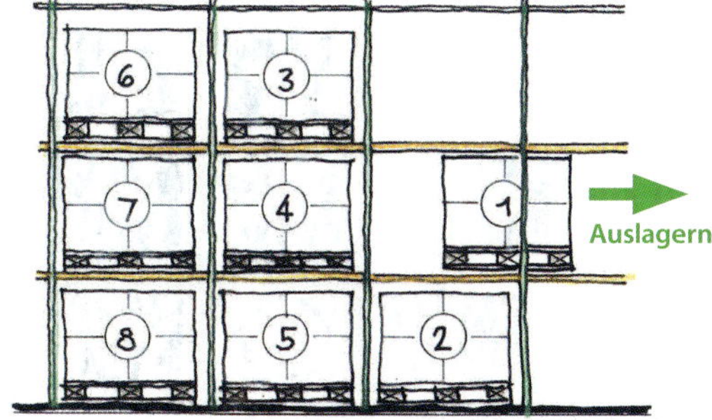

Kabeltrommelregal

Kabeltrommelregale bieten eine ergonomische Lösung für das Lagern von schweren Kabel- und Leitungstrommeln. Das Regal verfügt über spezielle Trommelwellen, um eine reibungslose, manuelle Abwicklung zu ermöglichen.

Bedienung
Um die Kabeltrommeln im Regal zu lagern, wird ein spezielles Stapleranbaugerät benötigt. Die eigentliche Bedienung erfolgt daraufhin per Hand.

Das müssen Sie beachten
Da die Kabeltrommelregale keine Bremsvorrichtung haben, sollten sie **nur manuell** bedient werden.

Rollen Sie die Ware langsam und gleichmäßig ab, um ein Herunterfallen der Trommel aus den Wellenlagern zu vermeiden. **Keine ruckartigen Abrollvorgänge!**

Bevor Sie das Abrollen starten, vergewissern Sie sich, dass die Trommelwelle auf beiden Seiten vollständig in der Aufnahmevorrichtung der Wellenlager (Ständer) liegt.

Kabeltrommelregal in Trapezform

Praxistipps: Regalschäden erkennen und richtig handeln

Typische Schäden und ihre Ursachen

Wird ein Regal durch den Gabelstapler beschädigt, kommt es in der Regel zu Verformungen oder Einknickungen in den Stützen und Traversen. Wie wahrscheinlich ein Regaleinsturz ist, kann anhand der Verformung nicht 100 %ig analysiert werden. Häufig sind es etliche kleine Stoßeinwirkungen, die dann ein leicht beschädigtes Regal zum Umstürzen bringen.

Achtung! Gehen Sie kein Risiko ein, und melden Sie auch kleine Schäden an Regalen sofort Ihrem Vorgesetzten, egal, ob Sie oder jemand anders für die Beschädigung verantwortlich sind.

Halten Sie Ihre Augen offen. Dieses Regal ist stark einsturzgefährdet!

Eine Beschädigung an einem Regal kann einen schweren Unfall auslösen. Die gelagerte Ware kann herunterrutschen und Personen verletzen. Das Regal kann einknicken, umfallen und andere Regale mitreißen, wenn sie durch Traversen miteinander verbunden sind. Die Regale sind **nicht** dafür gebaut, dass sie ein Dagegenfahren oder -stoßen aushalten.

Die Bilder links und auf den Folgeseiten zeigen, dass diese Regalschäden durch einen Gabelstapler entstanden sind. Ob verbogene Traversen, verdrehte oder komplett eingeknickte Regalständer, jede Beschädigung kann zu einer großen Gefahr für den Betrieb werden.

Verbogene Traverse durch Gabel(stapler)zinken verursacht

Sehr stark beschädigter Regalständer, höchst einsturzgefährdet!

Beschädigung durch Gabelzinken

An folgenden Stellen des Regals können Schäden entstehen:

- Palettenträger / Traverse (Verformung, linkes und rechtes Bild)
- Regalständer (Knickung, Bild Mitte)
- Diagonal- bzw. Horizontalaussteifungen (Verformung)
- Trägeranschlusslaschen (Verformung, Risse)
- Halterungen (ausgehebelt, Verformung)
- Schweißnähte (Risse)
- Palettenanschlag (Verformung, Risse)
- Durchschubsicherung (Verformung)
- Regalständer (Verdrehung, Bild Seite 41 links oben)
- Regalständer sowie Querverstrebung (Knicke, Bild Seite 41 rechts unten)

Ist eine **Stütze** z. B. durch das Anfahren mit einem Gabelstapler eingeknickt, kann das Regal irgendwann einstürzen. Geht der Knick in die Tiefe des Regals (also quer zur Gassenführung), dann darf die Einknickung nicht mehr als 3,0 mm betragen, bei einer Längsbiegung (also in Gassenrichtung) nicht mehr als 5,0 mm.

Durch eingeknickte Stützen kommt es immer wieder zu erheblichen Personenverletzungen, zum Teil mit tödlichem Ausgang. Aber auch Sachschäden können die Folge sein: nicht nur, dass die gelagerte Ware beschädigt oder unbrauchbar geworden ist; das umstürzende Regal kann auch die Räumlichkeiten beschädigen. Nicht selten wird dadurch ein Brand ausgelöst. Es ist auch schon vorgekommen, dass das umstürzende Regal die Sprinkleranlage mitgerissen hat. Folge u. a.: die termingerechte Auslieferung von Waren ist gefährdet, was zu erheblichen Kosten für das Unternehmen führen kann.

Traversen, die nicht gesichert sind, können unbeabsichtigt ausgehebelt werden. Nicht immer ist dies so gut sichtbar wie auf dem rechten Bild oben auf Seite 41. Achten Sie auf die Details, sonst kann ein schwerer Unfall die Folge sein, wenn bspw. die Ware zu rutschen beginnt.

Fachbodenregalständer: Beschädigung durch Gabelhubwagen

Nicht gegen Aushängen gesicherte Traverse. Ergebnis: ausgehängt – Gefahr!

> Nicht beachtete Regalschäden können gravierende Folgen haben. Schäden müssen deshalb immer direkt gemeldet und von einer sachkundigen Person beurteilt werden, die dann entscheidet, wie schnell und inwieweit das Regal instandgesetzt werden muss.

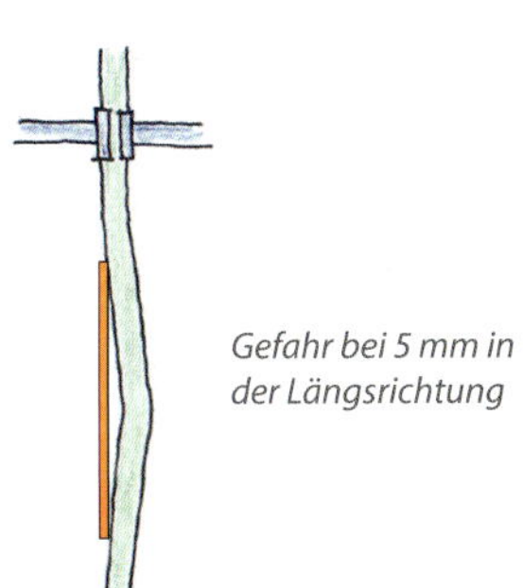

Gefahr bei 5 mm in der Längsrichtung

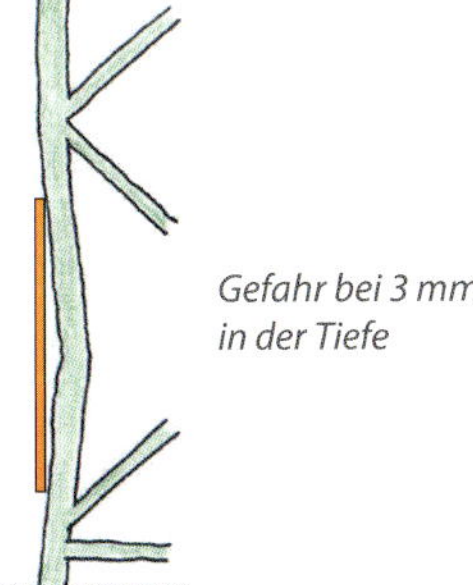

Gefahr bei 3 mm in der Tiefe

Der sichere Betrieb

Lagerbeleuchtung

Achten Sie darauf, dass Sie immer **ausreichend Sicht** haben. Es geht darum, dass Sie nicht nur die Beschriftung der Ware lesen, sondern alles gut sehen und sicher arbeiten können.

In einem finsteren Lager müssten Sie Ihre Augen überanstrengen und die Konzentration erhöhen – das ist gefährlich, denn Sie könnten eine mögliche Gefahrensituation nicht rechtzeitig erkennen.

Deshalb muss die **Beleuchtung ausreichend** zur Verfügung stehen, sie muss funktionieren und – sie muss benutzt werden. Schalten Sie sie also vor Arbeitsbeginn ein.

So ist ein sicheres Arbeiten ganz bestimmt nicht möglich.

Verkehrswege

Die „wichtigen Vier"
Vor jedem Fahrtantritt mit Flurförderzeugen gilt der Grundsatz: „Klare Bahn und Sicht". Das bedeutet, der Bediener ist in seinem Arbeitsumfeld und bei der Nutzung seiner Arbeitsmittel angehalten vier wichtige Aspekte der Transportstrecke zu beachten:

➜ Tragfähigkeit
Der Boden muss das Gesamtgewicht Stapler, Ladung und Fahrer aushalten können. Eine Überlastung kann bei mehrstöckigen Lagerhallen oder Regalen, bei Brücken oder in Aufzügen zu erheblichen Schäden führen.

➜ Sicht
Gute Beleuchtung und Spiegel helfen. Machen Sie sich außerdem vor einem Arbeitsauftrag mit unübersichtlichen Stellen im Lager oder an Rampen vertraut.

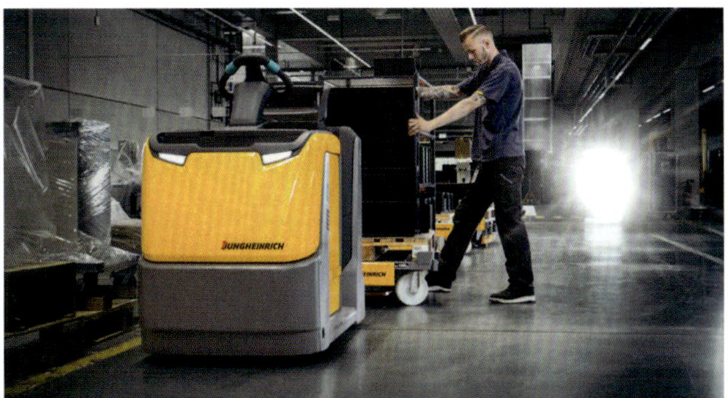

➔ Markierungen

Müssen gut sichtbar sein. Sie helfen dem Flurförderzeugführer die richtige Fahrspur zu halten und die Kollision mit Personen oder Gegenständen zu vermeiden, vor allem, wenn die auf dem Stapler zu transportierende Ware herausragt. Sind Markierungen abgenutzt, ist das ein Mangel. Melden Sie diesen Ihrem Vorgesetzten, um Abhilfe zu schaffen.

➔ Hindernisse

Keine Gegenstände, kein Schmutz (wie Ölflecken, Schmierstoffe), keine herausstehenden Paletten. Weder auf dem Transportweg noch beim Abstellen der Last. Sofern Sie ein Hindernis erkennen, halten Sie lieber an und räumen Sie die Fahrbahn frei.

Abstand zum Regal, Abstand zu Personen

Lageristen / Staplerfahrer müssen in einem Lager und zwischen den Regalen Sicherheitsabstände einhalten.

Richtungsverkehr
Wird der Verkehrsweg in nur eine Richtung benutzt, so muss der Gabelstaplerfahrer einen Sicherheitsabstand von 2 x 0,50 m einhalten. Das bedeutet, dass links und rechts vom Flurförderzeug 50 cm Abstand zum Regal oder der Ladeeinheit eingehalten werden müssen.

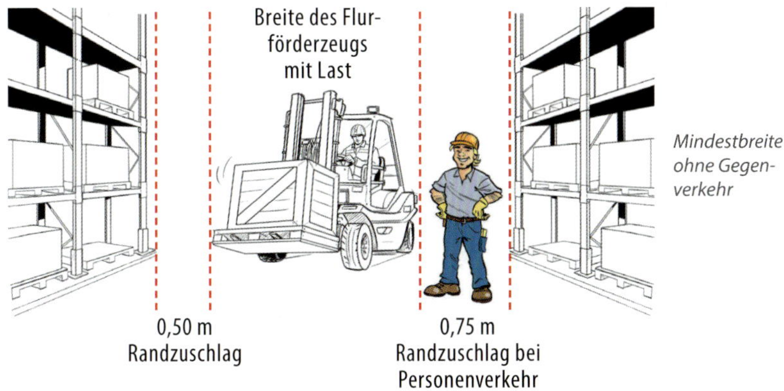

Mindestbreite ohne Gegenverkehr

Wenn zusätzlich Personen den Weg benutzen, erhöht sich der Abstand auf 0,75 m zu beiden Seiten.

Gegenverkehr
Werden die Verkehrswege für den Gegenverkehr benutzt (zwei Flurförderzeuge fahren aneinander vorbei), muss zu dem Randzuschlag von 0,50 m oder bei Personen 0,75 m ein Begegnungszuschlag einberechnet werden. Dieser beträgt 0,40 m.

Freiräume; Wendekreis eines Staplers

Freiräume
Beim Rangieren des Staplers in einem Regalgang müssen genügend Freiräume vorhanden sein, damit die Sicherheit gewährleistet ist. Dieser Freiraum wird allgemein mit 0,2 m berechnet. Das bedeutet, dass der Gabelstaplerfahrer **bei jeder Drehposition** noch 20 cm Abstand zum Regal haben muss. Der Gabelstaplerfahrer sollte deswegen die Maße seines Flurförderzeugs und die Regal-Gangbreite kennen.

Heckausschlag

Wendekreis
Bei engen Kurven schert ein Frontstapler aus, weil er einen sehr engen Wenderadius hat. Er kann dann ein Regal beschädigen. **Je stärker der Lenkradeinschlag, desto größer ist der Heckausschlag**. Das Gewicht des Staplers sowie seine massive Bauweise bewirken ihr Übriges. Achten Sie deshalb u. a. auf die Radstellung zu Fahrtbeginn und auf den Heckausschlag. Ein Regal ist schneller angefahren, als einem lieb ist.

Beispiel für die lichte Arbeitsgangbreite bei einem Schmalgangsystem
a = Positionierungslinie auf dem Boden markiert
b = Maximales Draufsichtmaß der Palette bzw. der Last
c = Freiraum
d = Durchmesser des Wendekreises für Stapler und Last
e = Lichte Arbeitsgangbreite

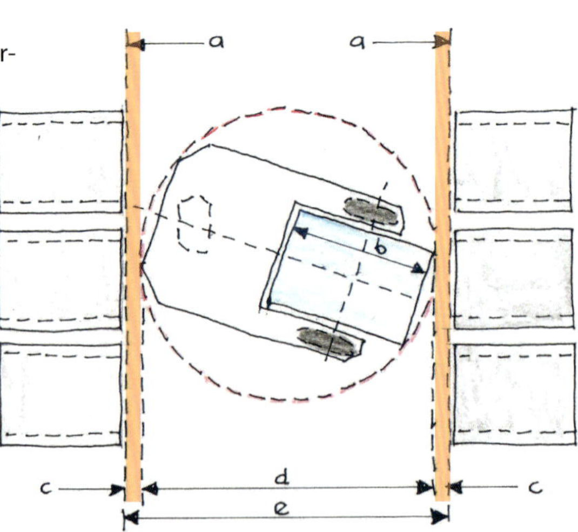

Schutzeinrichtungen helfen mit

Es gibt eine Vielzahl von Schutzeinrichtungen, die den Lageristen und Flurförderzeugführer sowie den gesamtem Betriebsablauf unterstützen. Diese Schutzeinrichtungen verhindern Schäden an Einrichtungen und am Flurförderzeug und tragen mit verhältnismäßig kleinem Investitionsaufwand zu einer erhöhten Sicherheit im Betrieb bei.

Ein **Rammschutz** minimiert die Wahrscheinlichkeit, dass betriebliche Einrichtungen beschädigt werden, um ein Vielfaches und nützt als Abstandhalter. Rammschutzpoller dienen auch der Sicherung von Einfahrten, Gebäudeecken, Laderampen, (Roll-) Toren und Ähnlichem und beugen Anfahrschäden vor.

Der **Regalanfahrschutz** in Lagerhallen dient dazu, Schäden vorzubeugen. Mit dem Anbringen des Schutzes werden Risiken durch beschädigte und defekte Lagereinrichtungen deutlich vermindert.

Der auf den Bildern gezeigte Regalanfahrschutz besteht aus einer ballistischen Kunststoff-Außenhaut mit einer Wandstärke von über 7 mm und einem hochflexiblen Innenschaum. Dadurch kommt es beim Aufprall von Gabelzinken zu einer optimalen Kräfteverteilung. Bei einer frontalen Aufprallkraft von bis zu 2,4 t erfolgt eine sehr hohe Schlagabsorption. Durch die schlanke Bauweise und optimale Passform wird die Lagerfläche nicht beeinträchtigt, und der Anfahrschutz hindert auch nicht beim Ein- und Auslagern. Die helle

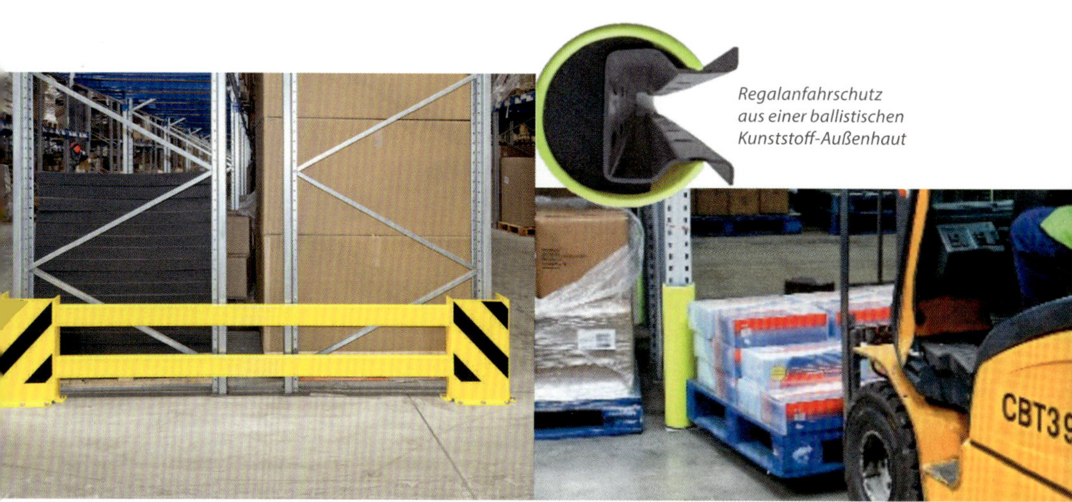

Regalanfahrschutz aus einer ballistischen Kunststoff-Außenhaut

Rammschutz

Signalfarbe sorgt für eine gute Sichtbarkeit und erleichtert die Orientierung.

Lageristen können den Anfahrschutz schnell und einfach montieren und somit die Sicherheit im Betrieb fördern.

Weitere Schutzvorrichtungen
Es gibt noch weitere Einrichtungen, die Regale vor einer Kollision mit einem Gabelstapler schützen. Bspw. **Rammschutzwinkel aus Metall** dienen dem Schutz von Eck- und Durchfahrtsbereichen; die Kopfseite der Regale kann durch verstellbare Schutzplanken oder durch ein Schutzprofil geschützt werden.

Regalschutz gibt es in unterschiedlichen Variationen, und er kann über diverse Hersteller bezogen werden.

> Prävention fördert die Betriebssicherheit und hält Reparaturaufwand und -kosten niedrig.

Für jede Schutzeinrichtung gilt: Es darf nicht vergessen werden, dass sie in einem einwandfreien Zustand sein muss. **Deshalb melden Sie auch Beschädigungen an Schutzeinrichtungen sofort an den verantwortlichen Vorgesetzten.**

Rammschutzwinkel aus Metall

Das sichere Flurförderzeug

Fahrerrückhaltesysteme
Viele Kippunfälle mit einem Gabelstapler enden für den Fahrer tödlich, da er aus dem Flurförderzeug herausgeschleudert und u. U. noch von seinem Gerät erschlagen wird. Fahrerrückhaltesysteme beugen diesem Szenario vor, indem sie den Bediener in der Kabine halten.

Es gibt verschiedene Systeme:

- den Beckengurt,
- Bügelsysteme,
- Halb- oder Schiebetüren und
- die geschlossene (!) Fahrerkabine.

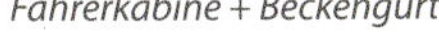
Fahrerkabine + Beckengurt

Blue-Safety-Lampe

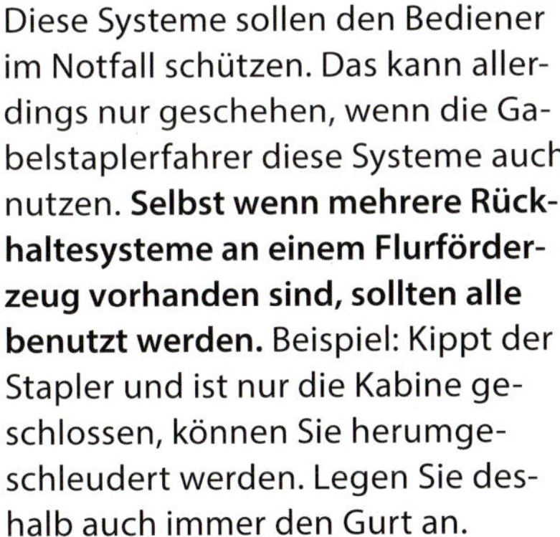

Diese Systeme sollen den Bediener im Notfall schützen. Das kann allerdings nur geschehen, wenn die Gabelstaplerfahrer diese Systeme auch nutzen. **Selbst wenn mehrere Rückhaltesysteme an einem Flurförderzeug vorhanden sind, sollten alle benutzt werden.** Beispiel: Kippt der Stapler und ist nur die Kabine geschlossen, können Sie herumgeschleudert werden. Legen Sie deshalb auch immer den Gurt an.

Weitere Sicherungsmaßnahmen
Es gibt eine Reihe weiterer Maßnahmen, die dem Lageristen / Staplerfahrer und dem gesamten Umfeld helfen, Unfälle zu vermeiden. **Durchgriffssicherungen** bei Mitgänger-Flurförderzeugen sorgen bspw. dafür, dass der Lagerist nicht von der Befehlseinrichtung aus in das Hubgerüst greifen und sich die Hand quetschen kann.

Rückfahr- und **Frontscheinwerfer**, **Bremsleuchten** und **Signal-Scheinwerfer, wie die Blue-Safety-Lampe** sind sinnvolle Ergänzungen, da sie den Mitarbeitern / weiteren Personen signalisieren, in welche Richtung der Stapler fährt. Sie sind besonders hilfreich, wenn im Arbeitsumfeld keine ausreichende Beleuchtung vorhanden ist. Die hier gezeigte Blue-Safety-Lampe ist eine besondere Form des Scheinwerfers. Sie warnt Personen mithilfe eines blauen, auf den Fußboden projizierten Striches vor dem kommenden Fahrzeug. Es gibt sie auch in weiteren Ausführungen, wie z.B. einem Warn-Dreieck. Diese zusätzliche visuelle Warnwirkung ist bei Kurven oder an Einmündungen sehr effektiv.

Außerdem können **Rückspiegel** und **akustische Signale** bei der Rückwärtsfahrt unterstützen.

Beladen von Regalen

Gabelstaplerfahrer dürfen ein Regal nicht willkürlich beladen. Sie müssen Verschiedenes beachten, damit die Betriebssicherheit gewährleistet ist.

Bevor mit dem Vorgang begonnen wird, muss geprüft werden, ob die Ware von ihrer **Größe** und ihrem **Gewicht** her überhaupt eingelagert werden darf. Die Angaben dazu stehen auf dem **Typenschild** des Regals und auf dem **Lieferschein** der Ware. Wird das Regal überladen, ist die Tragfähigkeit und damit die Sicherheit erheblich beeinträchtigt.

Der Fahrer muss außerdem das dafür **geeignete Flurförderzeug** benutzen, welches das Gewicht problemlos tragen / bewegen kann – es ist also auch die Tragfähigkeit des Flurförderzeuges zu beachten.

Paletten oder andere **Ladehilfsmittel** wie Gitterboxen dürfen keinen Schaden aufweisen und nur in **einwandfreiem Zustand** verwendet werden.

Beim Beladen des Regals muss darauf geachtet werden, dass die Ware gleichmäßig eingelagert wird, da sich die Angaben auf dem Typenschild immer auf eine **gleichmäßige Lastverteilung** beziehen. Das beinhaltet auch eine gleichmäßig beladene Palette.

Grundsätzlich wird ein Regal immer von unten nach oben, von hinten nach vorne beladen.

Damit Sie ein Regal mit dem Gabelstapler nicht beschädigen und dadurch eine Unfallgefahr entstehen lassen, müssen Sie sehr sorgfältig arbeiten. Bevor Sie die Ware ins Regal einlagern, muss der **Stapler im rechten Winkel zum Regal** stehen. Setzen

Richtige Einlagerung einer Palette

Sie die Palette **nicht ruckartig** ab, sonst können weitere unerwünschte Kräfte entstehen. **Verschieben** Sie keine Last im Regal, denn dadurch könnten Schaukelbewegungen ausgelöst werden. Melden sie es unverzüglich Ihrem Vorgesetzten, wenn das Regal bei ordnungsgemäßen Be- oder Entladen **wackelt**.

Nicht überladen!

Bevor Sie ein Regal beladen, müssen Sie sich über folgende Gewichtsangaben informieren:

- Gewicht der **Ware** (inkl. Umverpackung, Palette / Gitterbox)
- Welches Gewicht ein einzelnes Fach tragen kann – sog. **Fachlast**.
- Welches Gewicht das Feld insgesamt tragen kann – sog. **Feldlast**.
- Die **Summe der Fachlasten** der einzelnen Regalfächer darf die Feldlast nicht überschreiten. Achten Sie deswegen immer auf die Angaben des Typenschilds. Eigenbauten sind nicht zulässig.

Da die Statik des Regals von den Berechnungen des Herstellers abhängig ist, dürfen Traversen nicht einfach verändert oder Fachböden hinzugefügt werden. **Veränderungen der Statik können zu schweren Unfällen führen.**

Zusätzlich ist zu beachten, dass die Last gleichmäßig auf dem Regalfach gelagert wird. **Bei einer Punktbelastung ist die Tragfähigkeit des Regals reduziert.** Wenn ein Fach also 3 t tragen kann, müssen diese 3 t Gewicht auf das gesamte Fach verteilt werden. Die Lagerung von einem 3 t schweren Betonrohr in der Mitte des Fachs wäre somit nicht zulässig.

Wenn Regale überlastet sind, zeigen sie bestenfalls nur Verformungen an Traversen, Kragarmen und Fachböden. Dazu darf es nicht kommen.

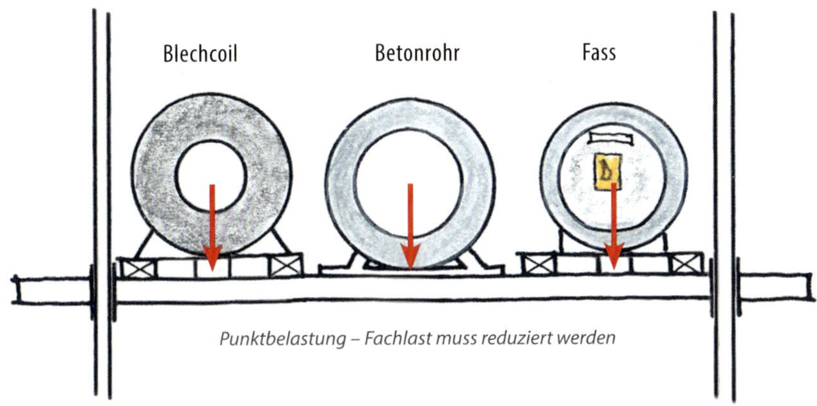

Punktbelastung – Fachlast muss reduziert werden

Nutzen Sie deshalb die Kapazität niemals bis zum Maximum aus, sondern planen Sie lieber eine **Sicherheitsreserve** ein.

Sie müssen wissen, welches Gewicht Sie einlagern. Nutzen Sie mit dem beladenen Gabelstapler ggf. eine Bodenwaage oder in den Zinken integrierte Waage.

Nicht falsch beladen!

In einem Regal muss die Ware immer gleichmäßig verteilt werden. Deshalb muss Folgendes beachtet werden:

- Die schwereren Waren sollten in den unteren Ebenen eingelagert werden. Die leichteren demnach in die höheren Regalfächer.
- Nicht alle beladenen Paletten auf einer Seite lagern.

Aber nicht nur das Regal muss gleichmäßig beladen werden, sondern auch die Palette an sich. Liegt eine asymmetrische Lastverteilung vor und die Tragfähigkeit wird voll ausgenutzt, können die Stützen und Traversen überlastet sein.

Achtung! Wird Ware auf einer falsch beladenen Palette oder auf einem anderen fehlerhaften Ladehilfsmittel geliefert, müssen Sie die Ware umlagern oder neu palettieren.

Zusätzlich gilt es, zwischen den nebeneinanderliegenden Paletten einen **Freiraum** einzuhalten. Die Ware darf niemals an einer anderen Palette oder weiteren Einrichtungen abstützen oder dagegen stoßen. Bis zu einer Einlagerungshöhe von 9 m muss der Abstand zwischen den Paletten 75 mm betragen. Bis zu einer Höhe von 13 m 100 mm.

- Gleichmäßige Verteilung im Regalfach
- Schwerere Ware in untere Fächer, leichtere Ware in obere Fächer
- Gleichmäßige Beladung der Palette (symmetrische Lastverteilung)
- Freiraum zwischen Paletten einhalten

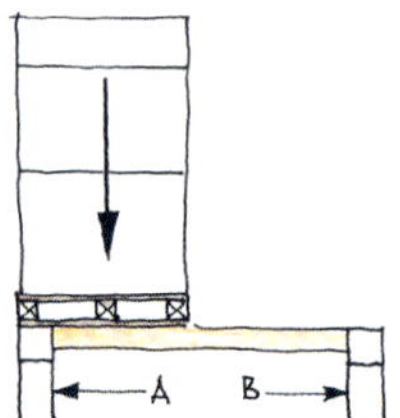

Asymmetrische Lastverteilung: Träger A wird überbeansprucht

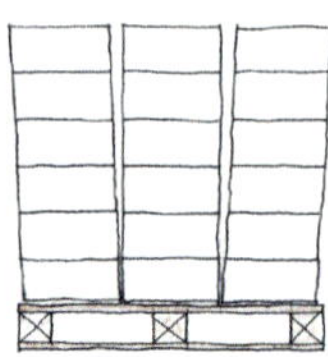

Eine andere Ladeneinheit kann hängenbleiben: Kippgefahr

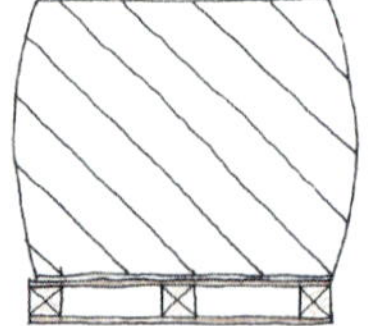
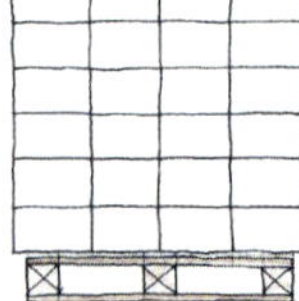

Abstand zwischen den Waren / Paletten einhalten

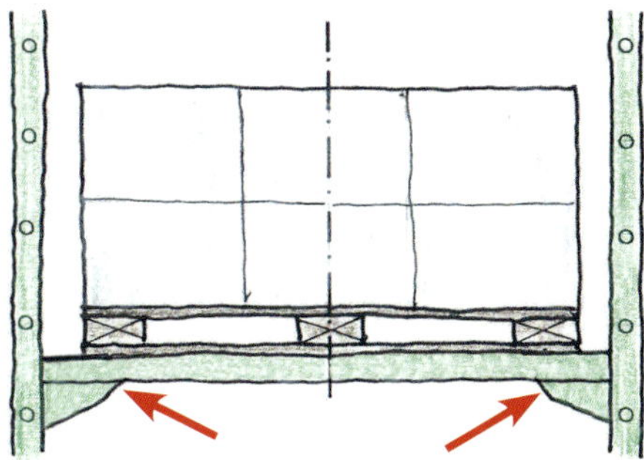

Der Palettenklotz muss auf der Auflagefläche liegen.

Der Klotz der Palette muss immer auf der Auflagefläche, also der Traverse liegen. Andernfalls kann die Palette zusammenbrechen. Der Hersteller gibt eine **maximale Durchbiegungsgrenze von Fachböden** an. Diese darf in keinem Fall überschritten werden.

Zuletzt ist die Ware gegen Rutschen oder Herabfallen zu sichern. Das bedeutet, dass die Palette keine Beschädigungen aufweisen darf. Es können entsprechende Sicherungen wie **Rückwandgitter** oder **Durchschubsicherungen** verwendet werden, falls die örtlichen Gegebenheiten es verlangen (wenn z.B. der Bereich hinter dem Regal von Personen als Durchgang genutzt wird). Erkennen Sie mögliche Rutschgefahren, dann tragen Sie die gestapelte Ware sofort ab.

Runde Gegenstände müssen so gelagert oder gesichert sein, dass sie nicht herausrollen und herunterfallen können.

Müssen Sie Ware einlagern, für die die Lagereinrichtung am Regal nicht vorgesehen ist, z. B. Ware in Gitterboxen statt auf Paletten, Rollen, Röhren oder Ähnliches, dann muss die Lagereinrichtung am Regal entsprechend den neuen Anforderungen geändert werden. Korrekte Sicherungen sind anzubringen. **Mit einer Schrumpffolie zu sichern, garantiert nicht immer die Stabilität der gelagerten Ware.**

Befindet sich im Regal ein Durchgang für Personen (z. B. als Fluchtweg oder vor einem Notausgang), so muss die erste Ebene durchgängig geschlossen sein. Ansonsten könnte herunterfallende Ware eine Person, die den Durchgang benutzt, sehr schwer verletzen.

Entladen von Regalen

Wenn von einer Palette **Ware per Hand entnommen** wird, besteht die Gefahr, dass der verbleibende Rest der Ware ins Rutschen gerät. **In diesem Fall ist die gestapelte Ware sofort abzutragen.**

Stapel sind auch im Regal lotrecht zu errichten.

Regale nicht besteigen. Nutzen Sie eine Leiter.

Sie können ein Regal auch beim Entladen mit dem Flurförderzeug beschädigen und Gefahrensituationen hervorrufen. Damit dies nicht geschieht, muss Verschiedenes beachtet werden.

➜ Sie müssen sich vor jedem Entladevorgang vergewissern, dass Ihr **Gabelstapler ausreichend tragfähig** ist und die Ware / Ladeeinheit sicher aufgenommen werden kann – Tragfähigkeitsangaben des Staplers beachten!

➜ Die **Last** muss immer **fest auf den Gabelzinken** liegen, bevor sie angehoben wird. Andernfalls kann sie herabfallen oder verrutschen.

➜ Achten Sie darauf, dass Sie die **Ware** / Ladeeinheit beim Herausnehmen **nicht ziehen oder schleifen**, da dadurch das Regal stark beschädigt werden kann.

➜ Seien Sie sich immer bewusst, dass Sie die Stützen und Traversen mit dem Gabelstapler auch beim Entladen beschädigen können. Deswegen transportieren Sie die Ware immer **langsam und gleichmäßig**.

Grundsätzlich wird ein Regal immer von oben nach unten, von vorne nach hinten entladen.

Jeder Arbeitsvorgang muss sorgfältig erfolgen.

Umbau / Reparatur von Regalen

Der **Umbau** von Regalen ist keine einfache Tätigkeit. Es müssen viele verschiedene Faktoren berücksichtigt werden, damit die Sicherheit des Arbeitsbereiches und aller dort arbeitenden Personen gewährleistet ist.

Regale dürfen deshalb nur in unbeladenem Zustand vom Hersteller bzw. Lieferanten oder einem geeigneten Fachmann umgebaut werden.

Achtung! Sie als Bediener dürfen das Regal niemals eigenmächtig verändern, so wie Sie es gerade gebrauchen können.

Sie müssen sich bewusst sein, dass jede Veränderung am Regal die Tragfähigkeit beeinflussen kann. Das Regal könnte instabil werden und kurze Zeit später schlagartig zusammenbrechen.

Achten Sie darauf, dass nach einem Umbau die **Halterungen** wieder einwandfrei montiert sind.

Ebenso gilt: Die **Reparatur** eines Regals muss fachmännisch durchgeführt werden, denn auch eine mangelhafte Reparatur stellt eine große Gefahrenquelle dar. **Deshalb versuchen Sie nicht, ein Regal selbst zu reparieren.** Ggf. Hersteller / Lieferant des Regals zu Rate ziehen.

Auf jeden Fall muss die bereits gelagerte Last sicher aus dem Regal entfernt werden, bevor repariert wird. Und darauf zu achten ist Ihre Aufgabe, denn Sie wissen, wie viele Tonnen sich möglicherweise in dem Regal befinden.

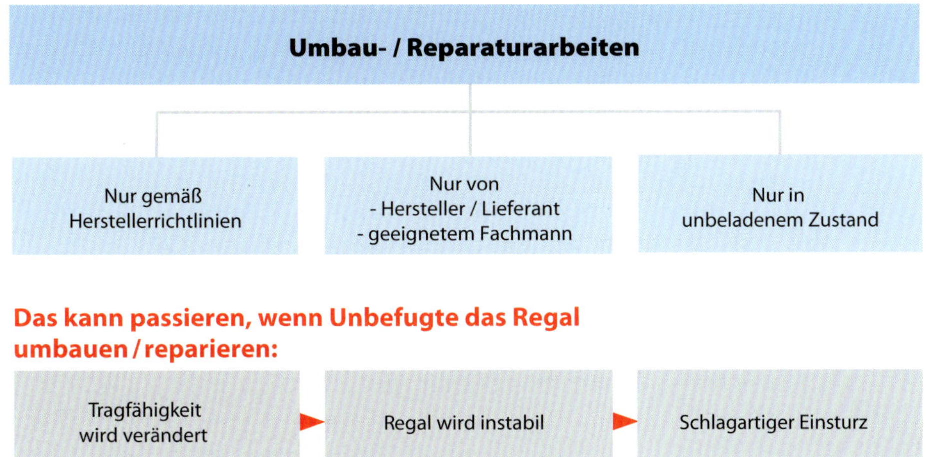

Verantwortung / Aufgabenbereich Lagerist

Der Lagerist muss die ihm übertragenen Aufgaben zuverlässig erledigen.

Das Bewegen von Material im Lager und in der Fertigung birgt eine Vielzahl von Gefahren. Sie wissen jetzt, welche Gefahren beim Umgang mit Regalen bestehen und vor allem, **wie Schäden und Unfälle an Regalen verhindert werden können.**

Die wichtigsten **Vorsichtsmaßnahmen** lassen sich in sieben Hauptpunkten zusammenfassen:

1. Beachten Sie die Betriebsanleitungen (des Herstellers des Flurförderzeugs und des Herstellers des Regals) sowie die Betriebsanweisungen (des Unternehmers).

2. Prüfen Sie vor Arbeitsbeginn, ob Ihr Flurförderzeug richtig funktioniert (s. „4 x 4 Merkregeln für die tägliche Einsatzprüfung von Gabelstaplern“). Ehe Sie ein Regal beladen, sehen Sie es sich an, ob es augenscheinliche Mängel wie bspw. verbogene Stützen aufweist. Ist das der Fall, dann lagern Sie erst gar nicht ein oder aus, sondern melden das dem Verantwortlichen. Schäden immer erst beheben lassen. Wenn mehrere an einem Regal arbeiten, vergewissern Sie sich, dass die Tragfähigkeit des Regals die Einlagerung weiterer Lasten erlaubt. Auch die Ware / Ladeeinheit sowie die Ladehilfsmittel sollten sich in einwandfreiem Zustand befinden.

3. Tragen Sie die für den Arbeitseinsatz vorgesehene Schutzkleidung (PSA).

4. Bedienen Sie die für das Be- und Entladen benötigten Geräte umsichtig.

5. Achten Sie darauf, Regale nicht zu beschädigen, zu überladen oder sie falsch zu beladen.

6 Sollten Sie irgendwo einen Schaden entdecken, melden Sie ihn unbedingt sofort. Dies betrifft aber nicht nur das Regal und das Flurförderzeug. Wenn bspw. eine Beleuchtung defekt oder ungenügend ist, wenn Markierungen auf den Verkehrswegen abgenutzt sind, wenn sich Öl auf dem Boden befindet, wenn Waren oder Gegenstände auf dem Fahrweg Ihres Staplers Hindernisse darstellen usw., auch dann sollten Sie dies dem zuständigen Vorgesetzten melden und für Abhilfe sorgen (lassen).

7 Verhindern Sie, dass Unbefugte die Ihnen anvertrauten Geräte benutzen, am Regal etwas verändern oder es ohne Ihre Kenntnis beladen.

Wer so arbeitet, spart Zeit und Kosten. Aber nicht nur das. Es geht auch um Ihre Gesundheit, manchmal sogar um das eigene Leben. Geschieht ein Unfall, so sind Sie ja mittendrin.

Ihre Aufmerksamkeit ist das A und O für die Sicherheit im Lager. Dennoch gibt es Assistenzsysteme, die Sie bei Ihrer täglichen Arbeit unterstützen können. Erfahren Sie mehr dazu im folgenden Exkurs.

Exkurs: Assistenzsysteme

Vorhandende Systeme kennen und damit umgehen können
Fahrerassistenzsysteme sind Zusatzeinrichtungen an / in Flurförderzeugen, die dem Gabelstaplerfahrer in bestimmten Fahrsituationen helfen, wie z. B.:

- ➜ Hindernisse werden durch Alarm gemeldet
- ➜ Überlastung wird im Display angezeigt
- ➜ Sehhilfen überwinden tote Winkel
- ➜ Optimale Mast-Positions-Kontrolle

Mobile Gangabsicherung

- ➜ Laserscanner erkennt Personen und bremst Flurförderzeug automatisch ab
- ➜ Um zusätzliche Funktionsmodule erweiterbar, z. B. Gassenendabsicherung, Antikollisionswarnung

Stationäre Gangabsicherung

Verwendung im Schmalgangregal:

- ➜ Lichtschrankensystem sichert Einfahrten ab
- ➜ Abwechselnder Betrieb Flurförderzeug / Fußgänger
- ➜ Um zusätzliche Funktionsmodule erweiterbar, z. B. Quergangabsicherung, Fluchttürabsicherung

Lichtschrankensystem
Laserscanner an Schmalgangstapler

Personen-Warnsystem

- Sicherheitsanalyse durch Transponder
- Bei Erkennung erfolgt ein Alarm
- Für unterschiedliche Reichweiten möglich
- Besonders hilfreich, wenn Sie häufig Lasten verfahren, welche Ihr Sichtfeld einschränken

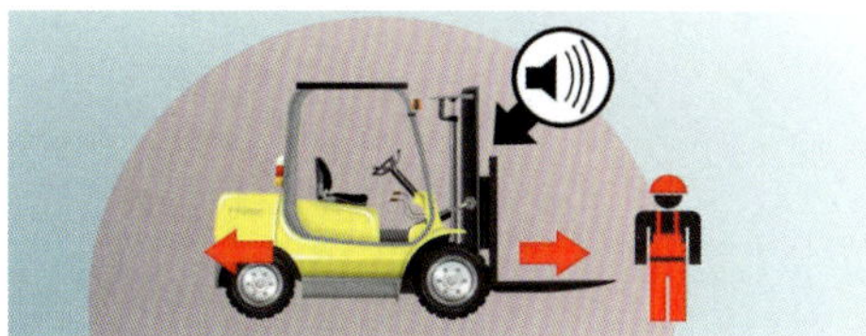

Beispiel eines Fahrerassistenzsystems: Das Personen-Warnsystem

Rückfahr-Warnsystem

- Erfassung von Objekten mittels Ultraschall
- Warnt bei Rückwärtsfahrt vor ortsfesten / beweglichen Hindernissen
- Geeignet für den Innen- und Außenbereich
- Warnung durch optische und akustische Signale

Kein Objekt

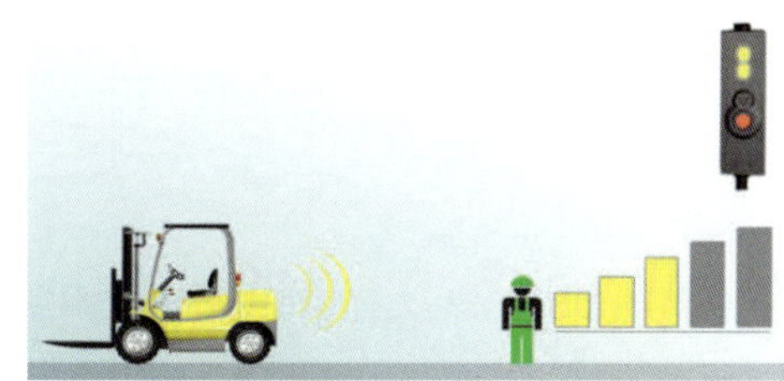

Objekt in Entfernung

Objekt erkannt

Kamera-Sichtsystem

➜ Montierte Kameras ermöglichen die Sicht über sperrige Güter oder in tote Winkel

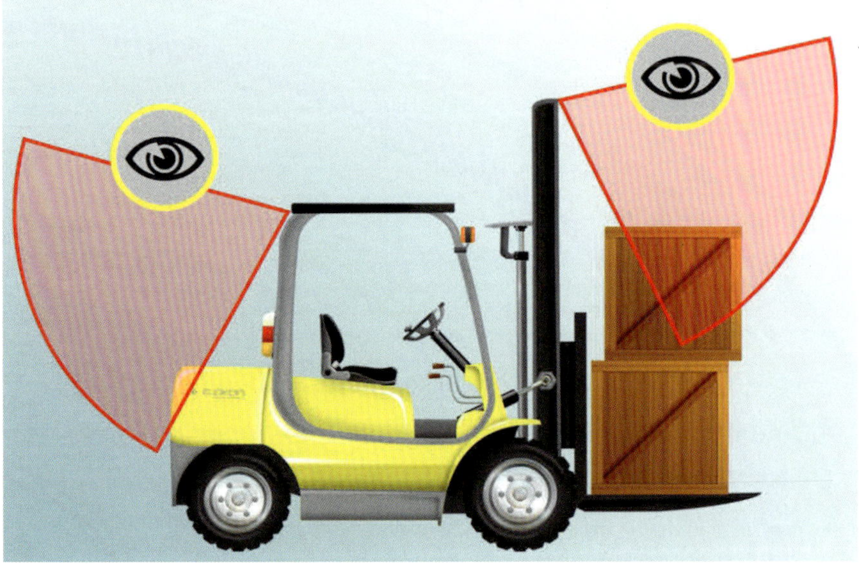

Die Sehhilfe für den Gabelstaplerfahrer

Schock-Detektor

Ein elektronisches, programmiertes Modul:

➜ Registriert Schockereignisse

➜ Meldet die Kollision

➜ Der Stapler kann anschließend nur von einer dazu beauftragten Person wieder in Gang gebracht werden

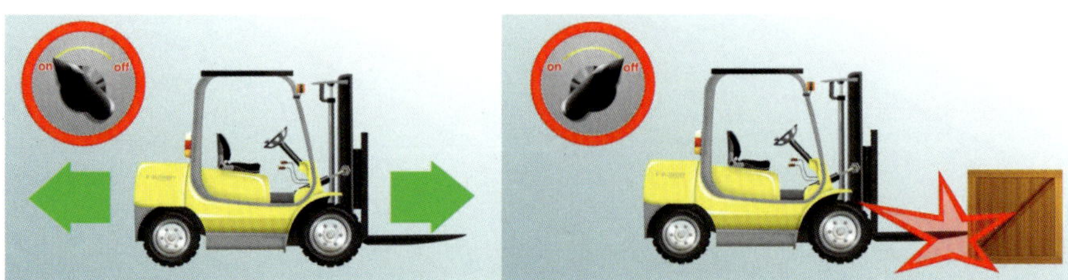

Bei einem Zusammenstoß bleibt das Flurförderzeug stehen.

Bildnachweis:

Eckert-Design: Zeichnungen Seite 8 und 43

Jörg Steinert: Zeichnungen Seite 7, 37, 41, 44, 49 - 51

Resch-Verlag: Seite 14 links, 17 und 21

Das Autorenteam dankt folgenden Firmen / Personen recht herzlich für das Zurverfügungstellen von Fotos / Abbildungen (in alphabetischer Reihenfolge):

a.m.p.e.r.e. Deutschland GmbH: Seite 45 rechts
Elokon Sicherheitstechnik GmbH: Seite 56 - 58
Grosse Lagertechnik GmbH & Co. KG: Seite 32
Jungheinrich AG: Titelseite und Seite 3, 5, 14, 15, 19, 22, 24, 30, 33, 35, 37, 42 oben, 43, 46, 47 rechts, 48 und 52
MORAVIA GmbH: Seite 45 links
Zimmermann, Bernd: Seite 10, 11 und 18

Ferner danken wir dem Pferdesporthaus Loesdau in Erftstadt für die Genehmigung zum Fotografieren (Seite 34).

Alle weiteren Fotos / Abbildungen von den Verfassern